运维工程师成长之路

刘鑫 著

人民邮电出版社

北京

图书在版编目（CIP）数据

运维工程师成长之路 / 刘鑫著. -- 北京：人民邮电出版社，2016.4（2022.6重印）
ISBN 978-7-115-41423-6

Ⅰ. ①运… Ⅱ. ①刘… Ⅲ. ①计算机网络 Ⅳ. ①TP393

中国版本图书馆CIP数据核字(2016)第018314号

内 容 提 要

运维工程师是集网络、系统、数据库、开发、安全工作于一身的复合型人才。随着国内电商行业的发展壮大，企业对运维工程师的要求也逐渐提高，这也为运维工程师的职业发展提供了更为广阔的空间。

本书分为8章，分别介绍了企业互联网中IDC的选择、服务器初始化、运维工具、网络认证系统、Puppet、SaltStack、KVM和ZooKeeper等内容。

本书适合运维工作人员、系统管理员和工程师、网络管理人员及计算机相关专业的学生阅读。

◆ 著　　刘　鑫
　责任编辑　陈冀康
　责任印制　张佳莹　焦志炜

◆ 人民邮电出版社出版发行　北京市丰台区成寿寺路11号
　邮编　100164　电子邮件　315@ptpress.com.cn
　网址　http://www.ptpress.com.cn
　固安县铭成印刷有限公司印刷

◆ 开本：800×1000　1/16
　印张：17　　　　　2016年4月第1版
　字数：315千字　　2022年6月河北第19次印刷

定价：59.90元

读者服务热线：(010)81055410　印装质量热线：(010)81055316
反盗版热线：(010)81055315

前言

运维工作的发展方向与态度

随着国内电商行业的发展和壮大，运维工作也变得更加复杂。为了保证系统及应用稳定、高效地运行，企业需要有更多的高级运维工程师。服务器的稳定运行是企业发展较为重要的基础，当前国内大部分中小企业对运维工程师的定位就是"打杂的"，但随着技术型公司的诞生及成长，运维工程师的发展空间将会越来越大。

运维工程师是一个融合多种知识（网络、系统、架构、安全、开发、存储等）的综合性岗位。在不断解决各种新的问题和挑战的同时，运维工程师也积累了一定的经验。随着系统的规模越来越大、架构越来越复杂，运维工程师、架构师也面临越来越高的要求。任务时间上越来越急迫，企业对有经验的优秀运维人才需求量大，且资深运维工程师的身价也越来越高。

一个好的运维工程师基础要很扎实且知识面一定要广。笔者曾经出版的《高性能网站构建实战》一书，是按照系统的流程来讲述一个完整的网站架设过程。也许本书不能像《高性能网站构建实战》那样让你学会很"高深"的技术，但一定可以开拓你的视野，扩展你的思路，加快你成长的脚步。

另外，无论是看书学习还是工作态度都要踏实一些，步子不要一下迈得太大。

写作本书的目的

我工作近 10 年，其间在小到几个人、大到几千人的公司都工作过，所面对的系统架构从最初的几台服务器发展到后来的几千台服务器。我发现有些公司的技术负责人自己不懂运维却总是数落运维人员不专业，还根据自己"专业"的想法来选择托管机房、服务器等，以此来展示自己的"才能"。其实有点经验的运维人员就会知道，要根据不同的实际应用选择不同的服务器型号及配置。比如在千万级的 PV 下 LVS 负载的情况下，采用标配的 R420 即可；Memcached、Redis 根据实际情况可以选择内存扩展比较大的 R720；如果是大数据存储分析（如 Hadoop），就可以根据所需要的是存储容量还是计算速度来定制服务器等。

本书结合我这些年从小规模公司到相对比较大规模的公司的经历来编写。本书可以让读者了解更多不同规模的企业在运维方面所需要的不同环境，也可以让读者根据自身所处公司的发展来规划个人及部门的发展。

本书所提到的系统均为 CentOS 系统，虚拟化所涉及的系统为 Centos 6.X。本书中的应用、脚本均来自于线上生产环境，读者可以直接使用。

正如我前面所说，本书也许不能让你掌握很高深的技术（因为本书不是官方帮助文档），但它可以使你在网站构架及运维方面奠定一个良好的基础和扩大知识面，以方便你制订出更具体、更清晰的职业规划。

希望读者通过学习本书，能够掌握书中各种技术的应用，并在一定程度上可以根据公司规模来规划公司人员及部门的发展，使自己的职业技能和管理技能有一个质的提高，同时也可以明确自己的职业发展道路。这正是我期望看到的，也是我写作本书的目的。

读者对象

本书的读者对象包括但不仅限于以下人员：
- 从事运维工作的相关人员；
- 系统管理员和系统工程师；
- 网络管理员和企业网管；
- 计算机相关专业的学生。

如何阅读本书

本书按照选择机房、服务器上架、系统维护及常用工具、系统安全、运维自动化服务器集中管理、虚拟化、Hadoop 相关技术的流程顺序来编写。全书共分为 8 章。

第 1 章介绍了怎样测试 IDC 及北京 IDC 的介绍。

第 2 章介绍了对多台服务器上架及对其进行初始化时要注意的事项。

第 3 章介绍了运维常用的工具，以便提高做事效率。

第 4 章介绍了相关的网络认证系统配置及其重要性。

第 5 章和第 6 章介绍了运维自动化应用。

第 7 章介绍虚拟化的对比及 KVM 的使用和部分优化。

第 8 章主要介绍 Hadoop 相关的优化和 ZooKeeper。

建议读者按照章节顺序阅读，从而可以了解运维工程师在一个简单的小规模企业中成长的完整过程，也能对运维在整体上有一个大概的了解，并且能够得到一个完备的结果。

本书体例说明

本书编写体例有以下几点需请读者注意。

命令行

输入的命令行用加粗的等宽字体表示，如下所示：

/usr/local/sbin/keepalived -D -f /usr/local/etc/keepalived/keepalived.conf

配置文件

一般的配置文件使用常规等宽字体表示，如下所示：

```
! Configuration File for keepalived
global_defs {
   notification_email {
     admin@example.com
   }
   ...
}
```

配置文件说明或注释

文件的说明或注释，用#符号开头，并用仿宋字体表示，如下所示：

#让进程在后台运行，即作为守护进程运行，正式运行的时候开启，此处先禁止，等同于在命令行添加参数"-D"

致谢

感谢朋友海洋提供关于 Hadoop 相关的文档资料。

感谢朋友陈晨提供部分图片资料和脚本。

感谢在工作和生活中所有帮助过我的人，感谢你们，正是因为有了你们，才有了本书的面世。

关于勘误

虽然我们花了很多时间和精力去核对书中的文字、代码和图片，但因为时间仓促和水平有限，书中仍难免会有一些错误和纰漏。如果大家发现什么问题，恳请反馈给我，相关信息可发到我的邮箱 ziyuhexue2000@163.com，我一定会努力解疑答惑或者指出一个正确的方向。

如果大家对本书有任何疑问或想与我探讨 Linux 相关的技术，可以访问我的个人博客（liuxin1982.blog.chinaunix.net）。另外，我在 ChinaUnix 社区的 ID 为 Gray1982，大家也可以直接在社区中与我在线交流。

目录

第 1 章 企业互联网根基之 IDC 的选择 1
- 1.1 寻找 IDC 数据中心 1
  - 1.1.1 调研 IDC 准备 1
  - 1.1.2 IDC 线路测试 5
  - 1.1.3 IDC 运营商选择标准 13
- 1.2 小结 16

第 2 章 企业互联网根基之服务器初始化 17
- 2.1 服务器初始化 17
  - 2.1.1 无人值守安装服务器 17
  - 2.1.2 服务器配置 Raid 23
  - 2.1.3 服务器初始化 32
  - 2.1.4 硬件监控 Openmanage ... 38
- 2.2 小结 45

第 3 章 服务器运维根基之工具 46
- 3.1 运维常用的连接工具和图形工具 46
  - 3.1.1 SSH 连接工具之 SecureCRT 46
  - 3.1.2 图形工具之 Xmanager 50
- 3.2 运维常用工具 52
  - 3.2.1 系统监控工具 53
  - 3.2.2 多功能系统信息统计工具 55
  - 3.2.3 资源监控工具 57
  - 3.2.4 批量管理主机工具 58
  - 3.2.5 网络监控工具 60
  - 3.2.6 网络测试工具 63
  - 3.2.7 文件打开工具 63
  - 3.2.8 诊断工具 65
- 3.3 排错思路 65
- 3.4 小结 69

第 4 章 企业互联网根基之网络认证系统 70
- 4.1 常见的认证系统 70
- 4.2 地狱之门守护者——Kerberos ... 71
  - 4.2.1 Kerberos 工作原理 71
  - 4.2.2 Kerberos 组件 73
  - 4.2.3 Kerberos 安装配置 73
- 4.3 Chroot 环境 80
  - 4.3.1 Chroot 环境简介 80
  - 4.3.2 Chroot 环境的配置 81
- 4.4 记录终端会话 83
- 4.5 FAQ 84
- 4.6 小结 85

第 5 章 企业互联网自动化之 Puppet 86
- 5.1 经典之作——Puppet 86
  - 5.1.1 Puppet 简介 86
  - 5.1.2 Puppet 工作原理 87
- 5.2 Puppet 实例详解 88
  - 5.2.1 Puppet 实例详解（一）：vim 88
  - 5.2.2 Puppet 实例详解（二）：nginx 90

5.2.3 Puppet 实例详解（三）：sysctl ················ 93
5.2.4 Puppet 实例详解（四）：cron ················ 95
5.3 Master 自动授权 ················ 96
5.4 Puppet 节点配置 ················ 98
5.5 使用 Apache 和 Passenger ················ 100
5.6 Puppet 控制台 ················ 103
 5.6.1 安装 Dashboard 前的准备 ················ 103
 5.6.2 配置 Dashboard ················ 104
 5.6.3 启动并运行 Dashboard （WEBrick 方式）················ 105
 5.6.4 Foreman 简介 ················ 108
5.7 FAQ ················ 109
5.8 小结 ················ 110

第 6 章 企业互联网自动化之 SaltStack ················ 111
6.1 新秀 SaltStack ················ 111
 6.1.1 常用自动化工具简介 ················ 111
 6.1.2 SaltStack 安装配置 ················ 112
 6.1.3 Nodegroup ················ 117
 6.1.4 Grains ················ 118
 6.1.5 Syndic ················ 121
 6.1.6 minion 端 Backup ················ 122
 6.1.7 minion 计划任务 ················ 124
 6.1.8 JobManager ················ 125
6.2 SaltStack 实例详解 ················ 126
 6.2.1 SaltStack 实例详解（一）：hosts 文件 ················ 126
 6.2.2 SaltStack 实例详解（二）：用户的添加 ················ 129

6.2.3 SaltStack 实例详解（三）：安装软件包 ················ 130
6.2.4 SaltStack 实例详解（四）：安装 Zabbix 客户端 ················ 131
6.3 部分 Salt 内置 state 模块简介 ················ 134
6.4 Web-UI ················ 135
6.5 Yum 在线源服务器 ················ 139
6.6 FAQ ················ 151
6.7 小结 ················ 152

第 7 章 企业虚拟化之 KVM ················ 153
7.1 KVM 虚拟化 ················ 153
 7.1.1 为什么要使用虚拟化 ················ 153
 7.1.2 KVM 虚拟化的安装 ················ 154
 7.1.3 KVM 虚拟机的安装 ················ 156
 7.1.4 KVM 虚拟机的日常管理 ················ 164
 7.1.5 KVM 终端 Consle 控制台 ················ 167
 7.1.6 KVM 虚拟机 Clone ················ 169
 7.1.7 KVM 镜像文件管理 ················ 171
 7.1.8 KVM 虚拟机时间同步 ················ 173
7.2 KVM 网络调整 ················ 174
 7.2.1 KVM 网络简介 ················ 174
 7.2.2 添加虚拟主机网卡 ················ 175
 7.2.3 KVM 网络框架 virtio ················ 176
 7.2.4 虚拟机网卡后端驱动 ················ 178
 7.2.5 物理网卡调整 ················ 179
7.3 KVM 内存实现 ················ 181
 7.3.1 GPA ················ 181

7.3.2	影子页表	182
7.3.3	EPT 页表	184
7.4	KSM 内核同页合并	185
7.5	其他方面的分析	186
7.6	FAQ	187
7.7	小结	190

第 8 章 高性能协调服务之 ZooKeeper ... 191

- 8.1 ZooKeeper 简介 ... 191
- 8.2 ZooKeeper 结构 ... 192
  - 8.2.1 ZooKeeper 角色 ... 192
  - 8.2.2 ZooKeeper 系统结构 ... 193
  - 8.2.3 ZooKeeper 数据结构 ... 193
- 8.3 ZooKeeper 的工作原理 ... 195
  - 8.3.1 选 Leader 过程 ... 195
  - 8.3.2 ZooKeeper 同步 ... 198
  - 8.3.3 角色工作过程 ... 198
- 8.4 ZooKeeper 安装与配置 ... 199
  - 8.4.1 ZooKeeper 的单机实现 ... 200
  - 8.4.2 ZooKeeper 的集群实现 ... 201
- 8.5 ZooKeeper_dashboard ... 202
- 8.6 Hadoop 1.X 优化 ... 204
  - 8.6.1 参数修改 ... 205
  - 8.6.2 修改后测试 ... 206
  - 8.6.3 Hadoop 集群更改配置 ... 212
- 8.7 Hadoop 2 搭建 ... 213
  - 8.7.1 环境准备 ... 213
  - 8.7.2 安装配置 ... 215
  - 8.7.3 启动集群 ... 233
  - 8.7.4 配置 NAMENODE FEDERATION+HA ... 235
- 8.8 Ganglia 简介 ... 243
  - 8.8.1 Ganglia 的基本概念 ... 243
  - 8.8.2 Ganglia 的工作原理 ... 244
  - 8.8.3 Ganglia 的配置 ... 246
- 8.9 FAQ ... 257
- 8.10 小结 ... 259

总结 ... 259

附录 ... 260

- 附录 A virsh 命令及其含义 ... 260
- 附录 B yum 命令及其含义 ... 262

第 1 章
企业互联网根基之 IDC 的选择

"小鑫啊,因为最近公司的业务正式上线,所以我们需要有个高质量的 IDC。你去调研一下,然后这个月定下来。"

"好的,我去看看"。小鑫回复了主管就开始 IDC 的调研。

1.1 寻找 IDC 数据中心

1.1.1 调研 IDC 准备

小鑫是一个刚刚大学毕业的学生,虽然在校期间管理过校园网,但在运维方面的经验很少,对北京的 IDC 情况也不是很清楚。于是迷茫的他只好上网搜索相关的 IDC 资料,可是搜索出来的结果却令小鑫失望,大多数都是广告性质的推广,看不出机房真实的情况。无奈小鑫只好一页一页地浏览,突然看到一个机房介绍的网址链接,打开链接发现是一本名为《高性能网站构建实战》的图书的内容简介。这本书的内容还真不少,包含一套完整的标准网站架构中所使用的应用。小鑫心想这本书正适合自己这种知识面不广并且经验又少的人,于是立即下单购买。

收到书后,小鑫立刻寻找机房介绍的章节,发现虽然不是介绍北京 IDC 提供商的,但书中所介绍的选择机房的性价比及计算带宽等方法还是很实用的。看完这章,小鑫在写购买机柜及带宽的量级时就不会找不到头绪了。

不过小鑫目前的问题还没有解决。他注意到这本书的作者在北京,猜想能写出这样书的作者肯定接触了不少的 IDC 提供商，所以小鑫决定给《高性能网站构建实战》一书的作者发一封求助邮件。

刘老师：

您好！

我刚刚拜读过您的《高性能网站构建实战》，感觉这本书特别适合我，很感谢您的这本书给我的帮助。可我还有个问题想请教一下，我这边的业务准备上线，需要在北京寻找一个线路质量特别好的 IDC 提供商。我在网上搜索过，不过大多都是推广性质的广告，再加上我本人对北京的 IDC 提供商不是很熟悉，所以麻烦您给我介绍几家。

谢谢！

发完邮件后，小鑫心里还有些忐忑。这封邮件不知道会不会被"过滤"掉，期待能有个好的回复吧。

小鑫一般吃完晚饭就没什么事了，有时候看看新出的电影大片，有时候学学 Python 编程。今天晚上比较特殊，他一直期待新的邮件。晚上 11 点多时，邮箱客户端显示新邮件的提醒，小鑫迫不及待地打开邮件，看来邮件没有被"过滤"掉，真是太高兴了。

小鑫：

你好！

首先感谢你对我的支持。

图 1-1 是中国互联网络带宽图，虽然不是最新的，但至少能看出来主要的节点是北上广，其他的地方我还真不清楚，北京的情况多少还是知道一些的。

我以前和联通的人聊过，细节就不多说了，只能说在北京每个区至少有两个出口，其作用是互相备份及流量的负载。估计你那边将来也不会仅仅是一个机房，到时候再考虑具体情况吧。

北京的 IDC 圈比较杂（代理商多、带宽种类多），机房的硬件条件我就不多说了。仅有几个大牌的 IDC 公司自建了多处机房，其余的都是和电信或联通合作的，所以机房的硬件一般不用担心。有一些 IDC 自身品牌比较不错，但可能给你使用的线路并不是最好的（有一些商家确实没有好的资源，也有一些商家的部分地点资源不好），但费用还是一样贵。还有一些价格较低，但质量及服务确实也没什么保证。前几年各大运营商及 IDC 提供商都在拼资源、拼质量，最近都在拼各种服务及解决方案。不同的商家提供不同的服务。即使是相同的商家也会根据目标客户的规模来定制相应的服务，所以服务方面我也不好说什么。

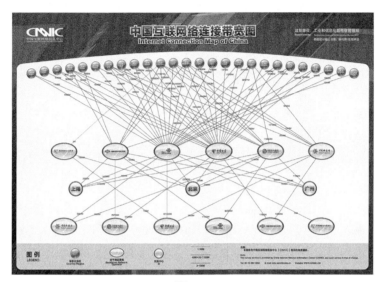

图 1-1

我认识一个做游戏运营的朋友，他公司每年赚得不少，不过就是因为选择了大品牌的 IDC，所以近一半的利润都给了 IDC 公司。当然，我说这个只是提醒你一下，你也可以和公司建议一下，选择性价比高或者适合自己公司的 IDC 即可，不一定非要选择大品牌。

整个北京线路的出口在各区就那么多，所以你在选择 IDC 的地点时也要注意。因为很多商家都有自己的 IDC 环网，走的出口不是当前地区而是另外一个区的，目的是为了节省成本。还有一些提供商，测试时给你提供好的线路，但当你实际使用时，给的又是另一个线路，所以最好选择信誉度较高的提供商。

还有一点要注意的是，有很多提供商最初只是和你说线路的费用，并不和你谈上下行的比例。一般情况下我们谈的都是 1:1 的线路（上下行比例是 1:1）。但如果你不问，等到签合同时会和你说是 2:1 或者是 10:3，这样你就会花 1:1 线路的钱却用着不等价的线路。这一点很重要，一定要注意。

另外除了带宽，还有机柜。机柜唯一要关注的就是电。至于外表就不多说了，机柜最起码外表看着要正规，但有一些自建机房的机柜都算不上机柜，只能算是机架吧。供电不过 7A，价格可是相当不便宜，这就是大品牌啊……一般情况下，机柜分 10A 和 13A 的。这点你注意一下就行了。

我不清楚你公司的位置，如果在中关村的话，放在 XXX 地点也是不错的选择。去年我公司为了选择一个线路质量不错的地点，测试了 7 家 IDC 提供商，XXX 那边的带宽是非常不错的。除了线路，这个地点离中关村也不远，打车半小时，方便维护。

还有一个地点是兆维的电信机房，我们原来的机房就是放在那里，可以说是一个比较稳定的地方了。那个位置不但电力有保障，而且线路带宽也是有保障的，很多其他地区的机房也是走这里的线路（这里有电信或者联通的出口）。不过兆维的提供商不是一般的乱，有的资源不知道已经倒了几手了，并且线路也有不是北京本地的。这些你和他们谈的时候最好能确认其资源来源。这里我给你推荐几家在兆维信誉比较不错的 IDC 提供商，像 ABC、XYZ。

XXX 和兆维这两个地点还是不错的，主要是看你们怎么去和提供商谈价格吧。当你和他们联系后，他们会给你介绍他们各地点的机房，建议你测试完后再去看看。理论上硬件差的不是很多，主要就是使用时间的长短。毕竟硬件都会有一个高频率故障期，这点注意一下即可。

除了资源和服务，一个 IDC 还需要具备一些资质，完整的资质包括以下几点。

（1）最新年检营业执照。

（2）中华人民共和国组织机构代码证。

（3）税务登记证。

（4）一般纳税人证明。

（5）ICP 经营许可证。

（6）ISP 经营许可证。

（7）ISO9001 质量管理体系认证。

（8）资信证明（3AA）。

对于一个 IDC 提供商而言，只有具备这些资质才可以参加投标。当然，一般的 IDC 提供商只要有 ICP 和 ISP 资质也是可以经营的。至于机房的电，也要考察一下。没有发电机的一看就知道，主要是有些机房的发电机基本上就是一个摆设。机房的温湿度，你直接进机房感觉一下就行，多去几个机房就会有很直观的感受。

最后，再一次感谢你的支持。

小鑫看完邮件就觉得这信息量也太大了，先不说机房的地点，仅带宽就有这么多说道。小鑫顿时感到头有点大，要是没人提醒，谁能想到还有这么多注意事项，可真得要感谢刘老师了，不然被别人坑了都不知道。小鑫赶紧回了封邮件表示感谢。

第二天，小鑫刚想找领导汇报情况，谁知领导直接找到小鑫，然后说他了解到使用 XXX 那儿的人挺多，而且带宽质量也不错，让小鑫多联系几家兆维的 IDC 提供商去测试一下。小鑫想着，看来那边确实不错，不然也不会那么火。

1.1.2　IDC 线路测试

小鑫找到了 XXX 和兆维的 ABC、XYZ 几家 IDC 提供商，通过见面了解了一些情况，然后就进入了测试阶段。不过小鑫仅知道可以使用 ping 命令测试一下大型网站，其他的就不清楚了。所以小鑫又一次给刘老师发了一封邮件。

刘老师：

您好！

又一次麻烦了，感谢您上次对机房的介绍和推荐。我们这边已经很顺利地和他们取得了联系并已进入测试阶段，但由于我个人对这方面并不是很了解，所以还得麻烦您和我说一下测试机房的一些事情，谢谢。

发完邮件后，小鑫在网上也搜索了一些测试机房的详细信息，可惜大多是无关紧要的介绍，所以也就很耐心地等待刘老师的邮件。

晚上，小鑫如期收到了刘老师的邮件。

小鑫：

你好！

这几家的 IDC 还是不错的，下面大概和你说一下手动的测试方法。这些方法是"开源"的且没有使用其他的第三方付费工具。

首先提供几个线路测试时需要的 IP（这些 IP 以前用过，当然你自己也可以找一下）：

61.135.169.125 联通；

218.30.108.232 电信；

121.195.178.239 教育。

然后我们开始测试带宽峰值的情况。

在机房 A 的一个服务器上创建一个大文件（最好是 GB 级），在另一个机房 B 的服务器上 wget 下载这个文件，看看一下载文件的速度能达到多少。当然机房 B 的带宽不能小于机房 A，不然就不能准确地测试出机房 A 的带宽质量。假设机房 B 提供的标准带宽是 5MB（标准带宽指的是上传和下载的速度比例为 1∶1），机房 A 提供的标准带宽是 10MB，这样机房 B 是测试不出机房 A 提供带宽的最大值的。还要注意的是，有一些 IDC 提供商为了线路的"保障"，提供的测试带宽并没有限制，或者说并不是按着你提出的要求，这样基本测试不出提供商的峰值及稳定性，意义不大。所以这种提供商是可以忽略的，因为这不仅仅是因为机房带宽的问题。

接下来，我们需要测试从所在机房出去的线路质量，大致有以下几个"开源"的方法。

最简单的就是 ping。我在上面已经给了几个测试的 IP，现在购买的机房线路大部分都是 BGP 多线，我们可以根据上面给的 IP 进行简单的 ping 测试，当然你也可以自己找其他的，上面的几个 IP 仅供参考。

这里要提醒你的是，有些提供商是禁用 ping 测试的，他们会让你使用 tcpping 这样的工具，但是我不建议你使用这类工具。因为 tcpping 这类工具是工作在四层 TCP 层，而 ping 是工作在三层 IP 层，所以你用 tcpping 来测试的话，结果有可能不如 ping 测试的准确。

测试得出的结果保存在类似"机房_线路_ping"这样文件名的文件中，因为测试不仅仅是一个机房一条线路。测试时间上至少是 24 小时，最好选在有节日的时间段里，因为这样可以测试到同机房的一些公司流量突然增加时会不会影响到其他公司，也从侧面测试一下 IDC 的稳定性。

如果测试时间覆盖了早晚及节假日的话，那么相对来说准确性会高一点。测试时间结束后需要找出测试时 ping 的最大值、最小值及平均值，做好记录以备对比测试结果时使用。

前面提到过测试带宽"量"的问题，这个测试是要说明一下带宽的"质"的问题。一些在同一地点的不同 IDC 提供商有时候带宽的价格相差很大，除了有个别是报价虚高的外，还有一些相对普通但报价低很多的提供商，这些提供商一部分是策略需要，也有一部分是带宽可能不是北京本地的。这些带宽是提供商从北京附近（如河北）的线路整合过来的，因为非北京的带宽会便宜很多，往往是北京本地带宽价格的 1/4～1/3。

这样一来，提供商的成本会大大地降低。如果不经过测试，用北京本地的价格买了这样的带宽的话，不仅仅是使用了质量差的带宽，还损失了一笔不小的费用，所以测试是否是北京本地的带宽很重要。

我们第二个"开源"的方法是 tracert。它是检测当前测试服务器通过几个路由后到达目的地 IP 的命令（它的具体作用和工作原理你自己搜索一下）。tracert 测试虽然说不用像 ping 测试那样需要 24 小时一直不停地测试，但早晚这两个时间段还是一定要测试的。因为有一些 IDC 的提供商早晚走的路由是不同的，毕竟相对来说大部分的公司晚上用的带宽并不是很多。

建议根据上面的几个 IP 测试，把测试结果保存在文件"机房_线路_tracert"里，以便以后分析对比用。时间可以根据你的需要来定，我们需要查看每经过一个路由的 IP 是否为北京 IP。

查询 IP 的脚本、数据库我已经放在附件里了，它的使用格式如图 1-2 所示。

```
[root@sys liu]# python -V
Python 2.7.2
[root@sys liu]# python ChaIP.py 202.106.0.20
202.106.0.20 北京市朝阳区/联通ADSL
[root@sys liu]# ./ChaIP.py 202.106.0.20
202.106.0.20 北京市朝阳区/联通ADSL
[root@sys liu]#
```

图 1-2

这个数据库有段时间没更新了，你可以自己找一个最新的版本使用。这里统一用的是 Python 2.7，其他的版本没试过，但理论上也是可以的。

特别强调一下，ping 和 tracert 一定要多采集几天的数据。

另外，还有一个测试是查看数据从外部到 IDC 内服务器的。

这个可以请全国各地的一些朋友来帮忙（在 QQ 群里可以喊一声，如果你运气好的话会有很多人来帮你的）。这里给你介绍几个 QQ 群，如"Linux 饭醉团伙"（QQ 群号为 5019224）、"系统运维专业群"（QQ 群号为 3902836）。你在这两个群里求帮助的话，会有很多人帮忙，使用的方法也是上面提到过的。

只是这种手工的测试可能不太尽如人意，因为人员、地点、时间、网络等各种不定因素，所以测试结果也不是很准确，但是用来做大概的评估还是可以的。如果你那边可以多地部署的话，就使用 Smokeping。

Smokeping 主要是监视网络性能，包括常规的 ping、用 echoping 监控 www 服务器性能、监控 dns 查询性能和监控 ssh 性能等。底层也是以 rrdtool 作支持，其特点是画的图非常漂亮，网络丢包和延迟用颜色和阴影来表示。

最新版本的 Smokeping 支持多个节点的检测结果从一个图上画出来。比如从 A、B 两个监视点检测 C 点的 ping 效果，可以把 A、B 的检测结果在一个图上表示出来，便于比较。它的安装配置比较简单，我这里就不多说了，附上几张图你大致看一下，如图 1-3 到图 1-5 所示。

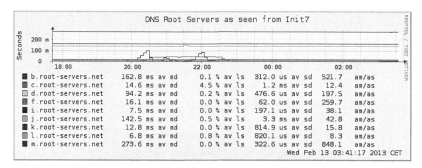

图 1-3

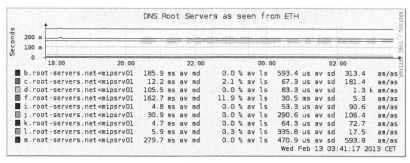

图 1-4

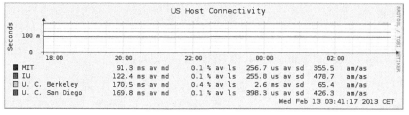

图 1-5

第三种只能是参考性质的测试，使用测试网站。你可以搜索一下相关信息，因为只是参考性质的，所以这里不过多地介绍。

再次强调，测试网站并不一定准确，只作参考。

以上的测试结果可以截图保留，以备对比使用。

以上是"开源"方法。不知道你那边是否限制比较多，还有一种是使用专业的测试方案。当然这种是收费的，并且价格非常贵。根据一些使用过的人介绍，使用第三方测试的话，效果几乎没有不好的，因为数据都是可以"修改"的，你懂的。如果你只是选择机房的话，不建议你用这些收费的测试。我介绍的这几家相对来说在行业内口碑还算是不错的，最主要的是质量好、线路有保证。

我这边当时测试的条件是 Centos5.6_64 位、10MB 带宽、BGP 多线、apache2 版本。每一个机房的测试结果是都保存在一个 Word 文档里。

最后我向你推荐一个我自己编写的脚本，你可以从我的博客 http://blog.chinaunix.net/uid-10915175-id-4998580.html 中找到。它主要是用来分析访问一个站点的各项性能，如 DNS 解析时间、下载第一个包时间、传输时间等。

测试 IDC 线路大概就是以上这几个步骤，祝你顺利！

乍一看，小鑫就感觉头大，测试一个机房线路都这么麻烦。难道不是接上线部署了程序，打开网站速度快就行吗？这事儿以后找时间还得向刘老师请教。既然刘老师这么建议，相信也错不到哪去。明天到公司联系机房的人，让他们准备好相应的物品就开始测试。

刘老师：

您好！

非常感谢！通过您的介绍，我了解到北京大概的网络情况及 IDC 提供商的一些"手段"，这会使我们在选择 IDC 时可以避免很多的损失，再次感谢您。

另外请教几个问题，一个是怎么样把已经执行的程序放到后台；另外一个是如果把 tracert 的路由放到一个文本里，那么多 IP，我是不是要一个一个地去执行您所介绍的方法……我这方面的基础比较差，麻烦您了。

感谢！

第二天一早，小鑫就看到了刘老师的邮件回复。

小鑫：

你好！

一般平时使用的命令行是 ping xxxx 的形式，不过当关掉 SSH 客户端（我使用的是 SecureCRT）或者网络断开时，系统终端会收到 HUP 信号，从而关闭其所有子进程。所以一般的解决办法就有两种，要么让进程忽略 HUP 信号，要么让进程运行在新的会话里，从而成为不属于此终端的子进程。

nohup 无疑是首先想到的办法。顾名思义，nohup 的用途就是让提交的命令忽略 HUP 信号。所以一般在测试时，我常用的命令是 nohup ping xxx & 这样的形式，如图 1-6 所示。

图 1-6

还有一种是子 shell，这种方法确实不常用，直接看我给你发的截图吧，如图 1-7 和图 1-8 所示。

将一个或多个命令包含在"()"中就能让这些命令在子 shell 中运行（更多的小技巧以后有时间再和你说）。从上面两张截图可以看到，执行命令的终端 1 是执行命令的终端，打开另一终端 2 查询出的结果是 ping 那个进程的父 ID（PPID）为 1（init 进程的 PID），这就说明所执行的命令不会受到终端 1 的 HUP 信号的影响了，你也可以关闭终端 1 再查询一下。还有一个命令是 setsid，这里我就不和你多说了。

```
[root@sys liu]# (ping g.cn &)
PING g.cn (203.208.46.178) 56(84) bytes of data.
[root@sys liu]# 64 bytes from 203.208.46.178: icmp_seq=1 ttl=56 time=1.57 ms
64 bytes from 203.208.46.178: icmp_seq=2 ttl=56 time=1.36 ms
64 bytes from 203.208.46.178: icmp_seq=3 ttl=56 time=1.23 ms
64 bytes from 203.208.46.178: icmp_seq=4 ttl=56 time=4.87 ms
64 bytes from 203.208.46.178: icmp_seq=5 ttl=56 time=1.45 ms
64 bytes from 203.208.46.178: icmp_seq=7 ttl=56 time=1.28 ms
64 bytes from 203.208.46.178: icmp_seq=8 ttl=56 time=1.27 ms
64 bytes from 203.208.46.178: icmp_seq=12 ttl=56 time=1.66 ms
64 bytes from 203.208.46.178: icmp_seq=13 ttl=56 time=1.36 ms
64 bytes from 203.208.46.178: icmp_seq=14 ttl=56 time=1.36 ms
64 bytes from 203.208.46.178: icmp_seq=15 ttl=56 time=1.42 ms
64 bytes from 203.208.46.178: icmp_seq=16 ttl=56 time=2.34 ms
64 bytes from 203.208.46.178: icmp_seq=17 ttl=56 time=1.30 ms
64 bytes from 203.208.46.178: icmp_seq=18 ttl=56 time=1.58 ms
64 bytes from 203.208.46.178: icmp_seq=19 ttl=56 time=1.40 ms
64 bytes from 203.208.46.178: icmp_seq=20 ttl=56 time=1.34 ms
64 bytes from 203.208.46.178: icmp_seq=21 ttl=56 time=1.60 ms
```

图 1-7

```
[root@sys ~]# ps -ef|grep g.cn
root      15470     1  0 16:35 ?        00:00:00 ping g.cn
root      16555 15272  0 16:37 pts/2    00:00:00 grep --color=auto g.cn
[root@sys ~]#
```

图 1-8

上面说的是命令前加上 nohup 或者子 shell 就可以避免 HUP 信号的影响。但是如果未加任何处理就已经提交了命令，想让其避免 HUP 信号的话就只能通过作业调度和 disown 来解决这个问题了。它的用法如下所示。

用 disown -h jobspec 来使某个作业忽略 HUP 信号。

用 disown -ah 来使所有的作业都忽略 HUP 信号。

用 disown -rh 来使正在运行的作业忽略 HUP 信号。

这里你需要注意的是，当使用过 disown 之后，系统会把目标作业从作业列表中移除，这时将不能再使用 jobs 来查看它，但是依然能使用 ps -ef 查找到它。

这里还有一个问题，因为这种方法的操作对象是作业，如果我们运行命令时在结尾加了 "&" 来使它成为一个作业并在后台运行，那么是可以通过 jobs 命令来得到所有作业列表。但如果并没有把当前命令作为作业来运行，就需要用 Ctrl+Z 组合键（按住 Ctrl 键的同时按住 Z 键）了！

Ctrl+Z 组合键的用途就是将当前进程挂起（Suspend），然后我们就可以用 jobs 命令来查询它的作业号，再用 bg jobspec 将它放入后台并继续运行。需要注意的是，挂起会影响当前进程的运行结果。

如果在执行命令时已经用了"&",则可以直接使用 disown,如图 1-9 所示。

```
[root@sys testLargeFile]# dd if=/dev/zero of=testLargeFile bs=1024M count=5
5+0 records in
5+0 records out
5368709120 bytes (5.4 GB) copied, 11.1969 seconds, 479 MB/s
[root@sys testLargeFile]# ll
total 5248012
-rw-r--r-- 1 root root 5368709120 Feb 10 17:05 testLargeFile
[root@sys testLargeFile]# cp -r testLargeFile largeFile &
[1] 10071
[root@sys testLargeFile]# jobs
[1]+  Running                 cp -i -r testLargeFile largeFile &
[root@sys testLargeFile]# disown -h %1
[root@sys testLargeFile]# ps -ef |grep largeFile
root      10071  2267 27 17:35 pts/2    00:00:06 cp -i -r testLargeFile largeFile
root      10241  2267  0 17:36 pts/2    00:00:00 grep --color=auto largeFile
```

图 1-9

如果提交命令时未使用"&"将命令放入后台运行,可使用 Ctrl+Z 组合键和"bg"将其放入后台,再使用 disown,如图 1-10 所示。

```
[root@sys testLargeFile]# cp -r testLargeFile largeFile2

[1]+  Stopped                 cp -i -r testLargeFile largeFile2
[root@sys testLargeFile]# bg %1
[1]+ cp -i -r testLargeFile largeFile2 &

[root@sys testLargeFile]#
[root@sys testLargeFile]# jobs
[1]+  Running                 cp -i -r testLargeFile largeFile2 &
[root@sys testLargeFile]# disown -h %1
[root@sys testLargeFile]# ps -ef |grep largeFile2
root      19852  2267 11 17:45 pts/2    00:00:04 cp -i -r testLargeFile largeFile2
root      20057  2267  0 17:46 pts/2    00:00:00 grep --color=auto largeFile2
[root@sys testLargeFile]# ll
total 7772124
-rw-r--r-- 1 root root 2582163456 Feb 10 17:46 largeFile2
-rw-r--r-- 1 root root 5368709120 Feb 10 17:05 testLargeFile
[root@sys testLargeFile]# ll
total 7825832
-rw-r--r-- 1 root root 2637107200 Feb 10 17:46 largeFile2
-rw-r--r-- 1 root root 5368709120 Feb 10 17:05 testLargeFile
[root@sys testLargeFile]#
```

图 1-10

另外你提到的 tracert 所得到的 IP 归属地问题,测试出来的结果会有很多 IP,虽然说可能有重复的,但数量还是会相当多。如果你一个一个查询的话,会浪费很多时间。不知道你对 shell 的了解程度有多少,整理出来的数据文件用 shell 脚本处理一下就可以。一般情况下 tracert 一次的结果如图 1-11 所示,将其保存在一个文件中,然后配合 AWK 和 for

就可以得出结果，如图 1-11 和图 1-12 所示。

```
traceroute to www.163.com (125.39.19.30), 30 hops max, 40 byte packets
 1   (210.14.135.1)  1.010 ms  1.333 ms  1.524 ms
 2  localhost (172.16.161.41)  0.264 ms  0.338 ms  0.424 ms
 3  123.125.90.253 (123.125.90.253)  0.930 ms  1.030 ms  1.061 ms
 4  61.49.39.81 (61.49.39.81)  2.986 ms  3.129 ms  3.230 ms;
 5  * * *
 6  124.65.58.229 (124.65.58.229)  3.780 ms  3.557 ms  3.522 ms
 7  123.126.0.181 (123.126.0.181)  3.331 ms  2.821 ms  4.521 ms
 8  * * *
 9  202.99.116.10 (202.99.116.10)  4.163 ms  4.215 ms  4.195 ms
10  no-data (125.39.19.30)  4.525 ms  4.580 ms  4.599 ms
```

图 1-11

```
[root@sys liu]# for i in $(awk -F'[()]' '{print $2}' tracertIP );do python ChaIP.py $i;done
125.39.19.30 天津市/联通
210.14.135.1 北京市朝阳区/北京数
172.16.161.41 局域网/对方和您在
123.125.90.253 北京市/联通ADSL
61.49.39.81 北京市/联通ADSL
124.65.58.229 北京市/联通ADSL
123.126.0.181 北京市/联通节点
202.99.116.10 天津市/联通
125.39.19.30 天津市/联通
```

图 1-12

这些是比较基础的内容，建议你多了解 shell 基础知识。shell 方面的知识多而杂，需要花一些时间才可以熟练地掌握。

1.1.3 IDC 运营商选择标准

除了上面关于带宽方面的内容，再简单介绍一些选择 IDC 运营商的标准吧，以下是我收集的一些标准。

1. 考察 IDC 机房运营的稳定性

（1）应该选择运营至少在 8 年以上的 IDC。因为新机房管理制度不成熟，容易做机房环境调整（如变更 IP、机柜搬迁、IDC 机房公司变更）。

（2）调查同机房客户情况，IDC 托管的客户如果比较混杂的话，很容易遭受攻击。同一机房（同一交换机）有客户经常遭攻击，自己的应用也会受到牵连。

（3）是否有正规的 ICP 资质，并要求提供 IDC 证复印件（有的 IDC 没有 ICP 资质，或借用其他公司的资质）。

（4）IDC 备案是否方便？（有的机房因为资质问题很难做 ICP 备案）

2. 考察 IDC 机房的带宽和机柜情况

（1）是不是多线机房，有没有自己的 BGP 自治域（一般小的代理商没有）？

（2）机房总的带宽是多少，增加带宽是否方便？

（3）是否存在带宽复用情况，带宽复用率是多少？

（4）可扩充机房是否充足？一般一个大的运营商会将机房分为一期、二期等。

（5）机柜可以存放的服务器数量是多少？一般有电及数量的限制。

3. 考察 IDC 是否便于维护

（1）如果不在同城，需要计算一线城市的交通是否便利，维护一次的成本是多少？

（2）机房是不是可以 24 小时进行维护？

（3）故障响应时间是多少？也就是当服务器发生故障时，我们最快到达机房所需要的时间。

（4）服务器及设备迁入或迁出机房，是否有专门人员协助？

4. 考察机房的温、湿度及电力情况

（1）一般机房会配备大型的空调系统，所以在温、湿度方面都不是问题。建议直接去机房感受一下即可。

（2）一般每个机柜提供的是双路电，但机房最少是两路电。一般 IDC 跟用户说双路电的时候，指的是分别从两个变电站（同一供电局）过来的，但对于高可靠性的机房来说，分别从两个不同供电局过来的电才算是真正的双路供电。

（3）看看是否有 UPS 电源供电，该电源能支撑多久的供电？

（4）了解发电机的运行使用情况。

5. 其他

至于 IDC 机房的位置、格局、消防及安全性等可在参观机房的时候，由机房相关负责人员来介绍。

小鑫按着刘老师的建议编写了 ping 和 tracert 的脚本，交给后台执行去了。第一步算是完成得差不多了。小鑫采集了几天的数据，然后进行分析就可以了。目前小鑫的公司没有其他的机房，Smokeping 是用不上了。小鑫加了刘老师介绍的 QQ 群，发现群里从事运维工作的人很多。

这几天小鑫也搜索了一下测试机房及服务的网站，有 ping、tracert、DNS、CDN 的测试，网站测试的内容还不少。小鑫输入了需要测试的 IP，分析结果也挺多的。全国各地的机房、IP 归属地、相应的测试时间等内容还是挺全的，不过不清楚后台的具体操作，只是看最终结果有点儿不太靠谱，只能作参考了。

一周后机房的测试结束了，小鑫把相关的测试结果文件统一地分析了一下，各个 IDC 提供商的各种线路之间的对比相差不多。Wget 下载时的"量"是没问题的，tracert 所经过的线路也都是北京的线路。真得感谢刘老师提供的工具，不然小鑫要一个一个地查这些 IP 的归属地不得"累死"啊！

小鑫把这些测试的结果写了一封邮件发给了领导。小鑫印象中，tracert 也就是查看经过的路由，其他的作用还真不记得了。原来 tracent 在测试机房的时候还挺重要的。小鑫回顾了 tracent 的原理，即向目标地址发送不同 TTL 值的 ICMP 数据包，来确定到访问目标地址所经过的路由时间及数量。

要求路径上的每个路由器在转发数据包之前至少将数据包上的 TTL 递减 1，数据包上的 TTL 减 0 时，路由器应该将"ICMP 已超时"的消息发回源系统。这个命令使用 NBT（TCP/IP 上的 NetBIOS）显示协议统计和当前 TCP/IP 连接，所以只有在安装了 TCP/IP 协议之后才可用。

小鑫在用 tracert 测试时，有时显示的是星号，如图 1-13 所示。小鑫知道是可以忽略且不会影响测试，但具体为什么还真不清楚。原来某些路由器不会为其 TTL 值已过期的数据包返回"已超时"消息，而且这些路由器对 tracert 命令不可见。在这种情况下，将为该跃点显示一行星号。这也是出于安全考虑，也许是网络问题没有回应，所以出现星号。

看过测试结果，小鑫的领导和各 IDC 提供商沟通后就和小鑫直接去机房实地考察了。机房的人员向他们介绍了机房的电、核心设备、温度、通风、线路走向等，也回答了他们提出的一些问题，比如机柜的扩展、双线路的备份、DDOS 攻击所采取的措施等，结果还是很让人满意的。

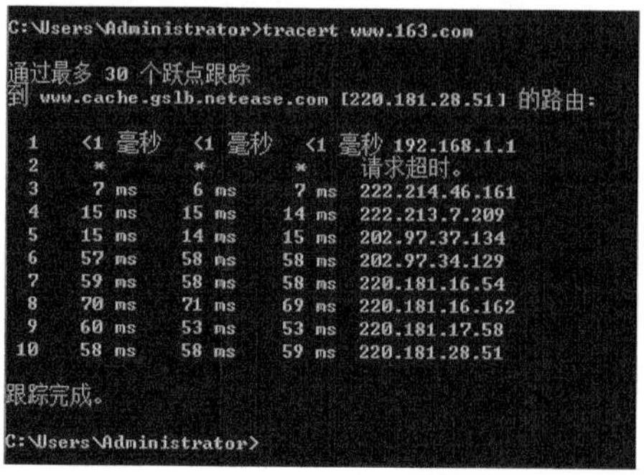

```
C:\Users\Administrator>tracert www.163.com

通过最多 30 个跃点跟踪
到 www.cache.gslb.netease.com [220.181.28.51] 的路由:

  1    <1 毫秒   <1 毫秒   <1 毫秒 192.168.1.1
  2     *        *        *     请求超时。
  3     7 ms     6 ms     7 ms  222.214.46.161
  4    15 ms    15 ms    14 ms  222.213.7.209
  5    15 ms    14 ms    15 ms  202.97.37.134
  6    57 ms    58 ms    58 ms  202.97.34.129
  7    59 ms    58 ms    58 ms  220.181.16.54
  8    70 ms    71 ms    69 ms  220.181.16.162
  9    60 ms    53 ms    53 ms  220.181.17.58
 10    58 ms    58 ms    59 ms  220.181.28.51

跟踪完成。

C:\Users\Administrator>
```

图 1-13

1.2 小结

通过这次测试机房，小鑫了解到测试机房所需要的测试方法，虽然有些方法因为条件的限制而无法采用，但还是有一些“开源”的方法，既简便又实用。除此之外，小鑫还大概了解到机房里的一些注意事项，这些也是比较重要的。

除了获得的这些信息外，小鑫还发现了自己的很多不足之处，尤其是基础知识不扎实、不全面。看到刘老师的《高性能网站构建实战》里介绍刘老师曾经做过培训讲师，所以小鑫写了一封对自己很重要的邮件。

刘老师：

您好！

这次能成功选择高质量的机房要非常感谢您的指导，在这里再次感谢您。

另外想请您给我提点建议。我个人做运维的时间不长，对于技术和架构方面懂得也不多，就只是想着做运维还不错，所以想在运维这方面提升一下自己。希望刘老师给我一些指点。

比如服务器的选择和配置、系统中常用的软件技巧等。

十分感谢！

带着很大的期望，小鑫单击了“发送”按钮。

第 2 章
企业互联网根基之服务器初始化

"小鑫,我们的机房已经选择好了。下周需上架 5 台服务器,你去准备一下。"

"嗯,我去准备。"小鑫很干脆地答应了,心想不就是装个系统嘛,分分钟的事。

2.1 服务器初始化

2.1.1 无人值守安装服务器

小鑫记得在《高性能网站构建实战》中介绍过用 U 盘的方式来安装服务器。于是他就根据书中的内容做了两个 U 盘,在服务器到机房上架后,直接用 U 盘安装还是挺顺利的。安装好系统后再配置 IP,正常连通后就可以回公司配置其他的了。

通过这次安装服务器,小鑫觉得 U 盘的方式比较适合安装少量服务器。如果服务器多的话就会比较麻烦了。所以小鑫给刘老师写了一封简短的邮件。

刘老师:

您好!

不知道上次的邮件收到没有?我现在不太清楚个人的职业发展方向,希望刘老师能指导我。

这次来信主要是想询问,如果想快速方便地装几十台服务器显然用 U 盘的方式不太合适。您能告诉我如何解决吗?谢谢。

晚上小鑫收到了刘老师的邮件。

第 2 章
企业互联网根基之服务器初始化

小鑫：

你好！

最近我在给公司搞虚拟化的东西，事情比较多，所以回你的邮件比较晚。

你可以使用网络安装多服务器。下面的内容是以前我自己做的笔记，你先看看，如果有什么不懂的再问我。

无人值守系统需要用到 DHCP、HTTP、PXE、TFTP 这几个服务，安装的环境适合于各种 Centos 系统，我这里用的是 Centos6.5_64 的系统。首先把安装文件 mount 到 apache 的默认路径（因为只是安装系统用，这么做是比较方便的），如图 2-1 所示。

```
Filesystem                              Size  Used Avail Use% Mounted on
/dev/sda3                               141G   15G  119G  11% /
tmpfs                                   2.9G     0  2.9G   0% /dev/shm
/dev/sda1                               194M   27M  158M  15% /boot
/opt/liu/CentOS-6.5-x86_64-bin-DVD1.iso 4.2G  4.2G     0 100% /var/www/html/pub
```

图 2-1

然后是安装 DHCP、httpd、tftp-server、syslinux 这几个程序，使用 yum -y install dhcp httpd tftp-server syslinux 即可。安装好后就是各软件的配置了，先配置 DHCP，如图 2-2 所示。

```
[root@bj            liu]# cat /etc/dhcp/dhcpd.conf
ddns-update-style interim;
ignore client-updates;
subnet 192.168.1.0 netmask 255.255.255.0 {
        option routers                  192.168.1.11;
        option subnet-mask              255.255.255.0;
        filename                        "pxelinux.0";
        next-server                     192.168.1.11;

        range dynamic-bootp 192.168.1.110 192.168.1.111;
        option time-offset              -18000;
        default-lease-time 21600;
        max-lease-time 43200;
```

图 2-2

接下来配置 httpd，共享 ks.cfg 文件和软件。

先执行 mount -o loop CentOS-6.5-x86_64-bin-DVD1.iso /var/www/html/pub/。

然后修改权限，执行 chmod 644 /var/www/html/ks.cfg。

/var/www/html/ks.cfg 文件的内容如下，这里你主要修改一下 IP 即可，root 密码是 6 个 a，分区是根是 50GB，Swap 是 9000MB，安装包是最小化安装的，这些值你可以根据实际情况更改即可。

```
cat /var/www/html/ks.cfg
# Kickstart file automatically generated by anaconda

install
text
url --url http://192.168.1.11/pub
lang en_US.UTF-8
keyboard us
network --device eth0 --bootproto dhcp
rootpw aaaaaa
firewall --enabled --port=22:tcp --port=22:tcp
authconfig --enableshadow --enablemd5
selinux --disabled
timezone Asia/Shanghai
bootloader --location=mbr --driveorder=sda --append="rhgb quiet"
# The following is the partition information you requested
# Note that any partitions you deleted are not expressed
# here so unless you clear all partitions first, this is
# not guaranteed to work
clearpart --all --initlabel --drives=sda
part / --fstype ext4 --size=50000 --ondisk=sda
part swap --size=9000 --ondisk=sda

%packages
@core
@server-policy
@workstation-policy
```

配置 tftp-server,我们需要做的就是编辑文件/etc/xinetd.d/tftp,如图 2-3 所示。

编辑好文件后,把相对应的文件复制到 tftpboot 目录下。如果系统中找不到 pxelinux.0,请安装 syslinux 程序包。

```
# default: off
# description: The tftp server serves files using the trivial file transfer \
#       protocol. The tftp protocol is often used to boot diskless \
#       workstations, download configuration files to network-aware printers, \
#       and to start the installation process for some operating systems.
service tftp
{
        socket_type             = dgram
        protocol                = udp
        wait                    = yes
        user                    = root
        server                  = /usr/sbin/in.tftpd
        server_args             = -s /var/lib/tftpboot
        disable                 = no
        per_source              = 11
        cps                     = 100 2
        flags                   = IPv4
}
```

图 2-3

```
cp /usr/lib/syslinux/pxelinux.0 /var/lib/tftpboot/
cp /var/www/html/pub/isolinux/vmlinuz /var/lib/tftpboot/
cp /var/www/html/pub/isolinux/initrd.img /var/lib/tftpboot/
cp /var/www/html/pub/isolinux/boot.* /var/lib/tftpboot/
cp /var/www/html/pub/isolinux/isolinux.cfg /var/lib/tftpboot/pxelinux.cfg/default
```

编辑/tftpboot/pxelinux.cfg/default，需要修改的部分我使用了粗体表示。

其实 PXE 自动安装就是在服务器 PXE 启动、从 DHCP 获得 IP 后从 TFTP 服务器上下载 pxelinux.0、default 这两个文件，然后根据 default 文件指定的 vmlinuz、initrd.img 启动系统内核，并下载指定的 ks.cfg 文件，最后根据 ks.cfg 去（HTTP/FTP/NFS）服务器下载 RPM 包并安装系统。

```
default ks
#prompt 1
timeout 600

display boot.msg

menu background splash.jpg
menu title Welcome to CentOS 6.5!
menu color border 0 #ffffffff #00000000
menu color sel 7 #ffffffff #ff000000
menu color title 0 #ffffffff #00000000
```

```
menu color tabmsg 0 #ffffffff #00000000
menu color unsel 0 #ffffffff #00000000
menu color hotsel 0 #ff000000 #ffffffff
menu color hotkey 7 #ffffffff #ff000000
menu color scrollbar 0 #ffffffff #00000000

label linux
  menu label ^Install or upgrade an existing system
  menu default
  kernel vmlinuz
  append initrd=initrd.img
label vesa
  menu label Install system with ^basic video driver
  kernel vmlinuz
  append initrd=initrd.img xdriver=vesa nomodeset
label rescue
  menu label ^Rescue installed system
  kernel vmlinuz
  append initrd=initrd.img rescue
label local
  menu label Boot from ^local drive
  localboot 0xffff
label memtest86
  menu label ^Memory test
  kernel memtest
  append -
label ks
  kernel vmlinuz
  append ks=http://192.168.1.11/ks.cfg initrd=initrd.img
```

等配置完成后,就可以启动相关的服务了。这里要提醒你一句,如果不是安装系统,最好把这几个服务停止。因为一旦有服务器是网络启动的话,就会导致服务器系统重装,极有可能丢失数据,后果将非常严重。

```
service httpd restart;
service dhcpd restart;
service xinetd restart;
```

这里的防火墙配置就是打开其使用的端口,所以下面简单地介绍一下。

```
iptables -I RH-Firewall-1-INPUT 1 -p udp --dport 67 -j ACCEPT
iptables -I RH-Firewall-1-INPUT 1 -p udp --dport 69 -j ACCEPT
iptables -I RH-Firewall-1-INPUT 1 -p tcp --dport 80 -j ACCEPT
service iptables save
```

等这些都配置完成后，就可以测试了。你可以随便选择一台虚拟机从网络启动，然后就是等待了。之所以这里不用在 boot:中输入是因为我们使用默认的 ks。当然如果需要的话，你可以使用等待输入，如图 2-4 所示输入 ks 即可。

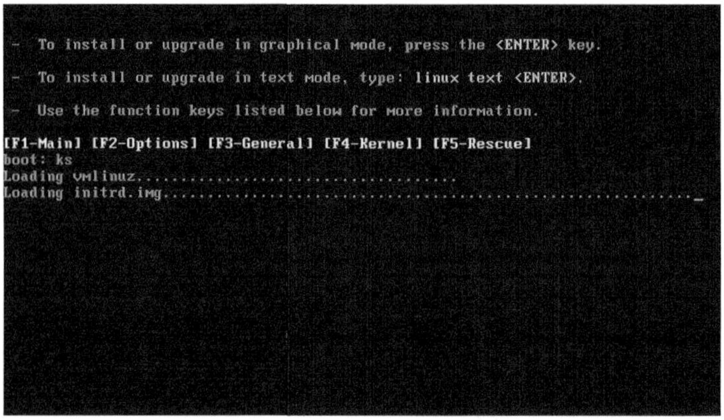

图 2-4

建议把你自己使用的笔记本做成 PXE 服务器，这样以后去机房带着笔记本连上网线就 OK 了。当然如果要一起装 N 台服务器，可能你的笔记本的配置不行，还是装在机房里的服务器上吧，需要的时候再开启。

再说一下你想了解的问题。你应该没有系统地学习过 Linux 吧，可以去我的博客看一下视频课件，网址是 http://blog.chinaunix.net/uid/10915175/cid-157259-list-1.html。这些 Linux 基础课件是我以前做讲师时专门做的，建议你系统地学习。

运维是整个公司互联网的基础，所涉及的方方面面的知识还是很多的。系统运维、网络运维、IDC 运维、应用运维、运维开发等，我不知道你现在对哪些技术感兴趣，所以也不好给出学习建议。只要记住一是从你感兴趣的入手，二是一定要会开发。开发语言目前来看 Python 是必不可少的，当然会 C 语言的话更好，改改内核什么的还是很有前景的。

服务器配置的选择是根据业务的需要来定的，没有一个固定的说法。只有你深入了解业务，才能更好地选择。服务器常用的硬件也需要了解一下，比如内存、硬盘等。至于你说的一些常用软件我现在需要时间整理，目前手里也有不少常用的，只是比较乱。

现在你那边应该是刚装上系统，还没进行初始化的操作吧？我再给你一个初始化的脚本吧，可以正常使用（如果你的系统是 Centos5.X）。脚本中的内容只是简单地配置了必要的登录信息。因为我这边正在逐渐过渡到 Puppet 和 Salt，所以这个脚本的内容不多。

系统初始化需要的配置以及软件如图 2-5 所示。

```
alias      hosts     iptraf     limits     python     static-route
bashrc     htop      jdk        lrzsz      resolv
cron       ice       krb5       nginx      snmpd
dstat      iftop     ldconfig   puppet     ssh
```

图 2-5

以上介绍的是装完系统后初始化的内容。目前我不太清楚你在装系统之前是否进行过一些设置，大概有这么几处需要设置。首先是打开 BIOS 虚拟化的支持，然后是配置 Raid（如果已经有系统正在运行应用，可以使用命令行的方式来配置 Raid，详见我的博客 http://blog.chinaunix.net/uid-10915175-id-4396986.html ）。至于远程卡的设置可以在安装 Openmanager 后采用脚本的形式去设置，这样可以节省大量的时间。（服务器重启一次需要几分钟，如果你那有几十台，那样占用的时间就可想而知了）。

Openmanager 修改远程卡的命令如下，这里的 IP、子网掩码、网关可根据你的情况自行修改，这里我只是用变量标记出来。虽然说这些命令行从英文原义上就可以看懂，但我还是建议你到服务器上配置一下（Openmanage 的安装在下面的章节中会有介绍）。

```
    omconfig chassis  remoteaccess config=nic  ipsource=static
ipaddress=192.168.${sub} subnet=${netmask} gateway=192.168.${gw}
nicselection=shared  primarynw=lom1 failovernw=lom2 enablenic=true
    omconfig chassis remoteaccess config=user id=2 enable=false
    omconfig chassis remoteaccess config=user id=3 name=root
    omconfig chassis remoteaccess config=user id=3
lanaccesslevel=administrator
    omconfig chassis remoteaccess config=user id=3 newpw=password
confirmnewpw=adminpass
    omconfig chassis remoteaccess config=user id=3 dracusergroup=admin
    omconfig chassis remoteaccess config=user id=3 enable=true
```

2.1.2 服务器配置 Raid

下面介绍打开 BIOS 虚拟化的支持及配置 Raid 的方法。

Dell 服务器打开 BIOS 虚拟化支持（不同型号的机器设置方式不同，不过可以参考以下方式）。

（1）重启服务器，在开机画面的右上角出现提示后，按 F11 键（按下后显示 Enter Bios Booting Manager，大约需要等待 1 分钟）进入 BIOS 设置。

（2）进入 BIOS 选项后选择"System Setup"，按 Enter 键。

（3）进入 BIOS 选项卡后，选择"Process Settings"，按 Enter 键。

（4）进入 BIOS 选项卡后，选择 "Virtualization Technology"，按"+"号键，将"Disable"修改为"Enable"（并确认为 Enable）。

（5）按 Esc 键一次，弹出 3 个选项，选择"Save changs and exit"。

（6）计算机自动重启，设置完成。

至于配置 Raid 的方法，由于服务器的型号不同，所以界面可能也不一样。不过大致的配置选项是相同的，因为我不方便截图，所以找了相关的图片。Raid 的种类及功能我就不多说了，相信你也知道。首先启动服务器按 Ctrl+E 组合键进入配置 Raid 选项（服务器型号不同，进入配置 Raid 选项也有不同的快捷键），按照屏幕下方的虚拟磁盘管理器提示，在 VD Mgmt 菜单（可以通过 Ctrl+P/Ctrl+N 组合键切换菜单），按 F2 键展开虚拟磁盘创建菜单，如图 2-6 所示。

图 2-6

在虚拟磁盘创建窗口，按 Enter 键选择"Create New VD"创建新的虚拟磁盘，如图 2-7 所示。

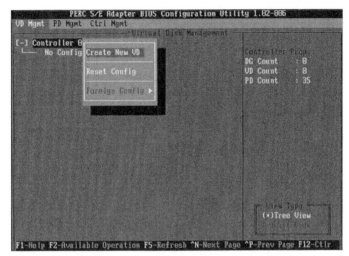

图 2-7

在 RAID Level 选项上按 Enter 键，可以出现能够支持的 RAID 级别。RAID 卡能够支持的级别有 RAID0/1/5/10/50 等，根据具体配置的硬盘数量不同，可能出现的选项会有所区别。选择不同的级别，选项也会有所差别。选择好需要配置的 RAID 级别（这里以 RAID5 为例），按 Enter 键确认，如图 2-8 所示。

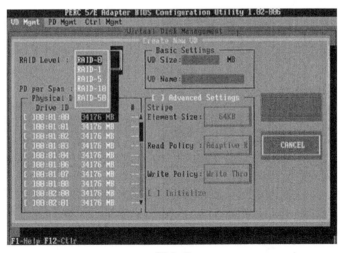

图 2-8

确认 RAID 级别以后，按向下方向键，将光标移至 Physical Disks 列表中，上下移动至需要选择的硬盘位置，按空格键来选择（移除）列表中的硬盘。当选择的硬盘数量达到这个 RAID 级别所需的要求时，Basic Settings 的 VD Size 中可以显示这个 RAID 的默认容量信息。有 X 标志的为选中的硬盘，如图 2-9 所示。

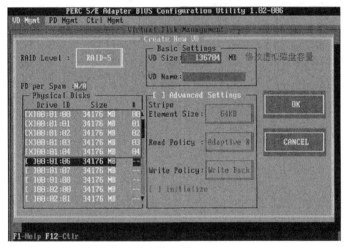

图 2-9

选择完硬盘后按 Tab 键，可以将光标移至 VD Size 栏。VD Size 可以手动设定大小，也就是说可以不用将所有的容量配置在一个虚拟磁盘中。如果这个虚拟磁盘没有使用我们所配置的 RAID5 阵列所有的容量，剩余的空间可以配置为另外一个虚拟磁盘，但是配置下一个虚拟磁盘时必须返回 VD Mgmt 创建。VD Name 根据需要设置，也可为空。

这里要强调各个 RAID 级别最少需要的硬盘数量为：RAID0=1、RAID1=2、RAID5=3、RAID10=4 和 RAID50=6。

修改高级设置，选择完 VD Size 后，可以按向下方向键或者 Tab 键，将光标移至 Advanced Settings 处，按空格键开启（禁用）高级设置。如果开启后（红框处有 X 标志为开启），可以修改 Stripe Element Size 大小，以及阵列的 Read Policy 与 Write Policy，Initialize 处可以选择是否在阵列配置的同时进行初始化，如图 2-10 所示。

高级设置默认为关闭（不可修改），如果没有特殊要求，建议不要修改此处的设置。关于这里设置的 Stripe Size 对性能的影响，可以参考我的博客 http://blog.chinaunix.net/uid-10915175-id-4405248.html。

上述的配置确认完成后，按 Tab 键，将光标移至 OK 按钮，按 Enter 键，会出现如图

2-11 所示的提示。如果是一个全新的阵列，建议进行初始化操作；如果配置阵列的目的是恢复之前的数据，则不要进行初始化。按 Enter 键确认即可继续。

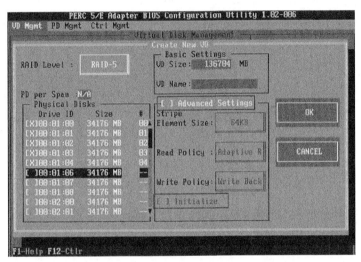

图 2-10

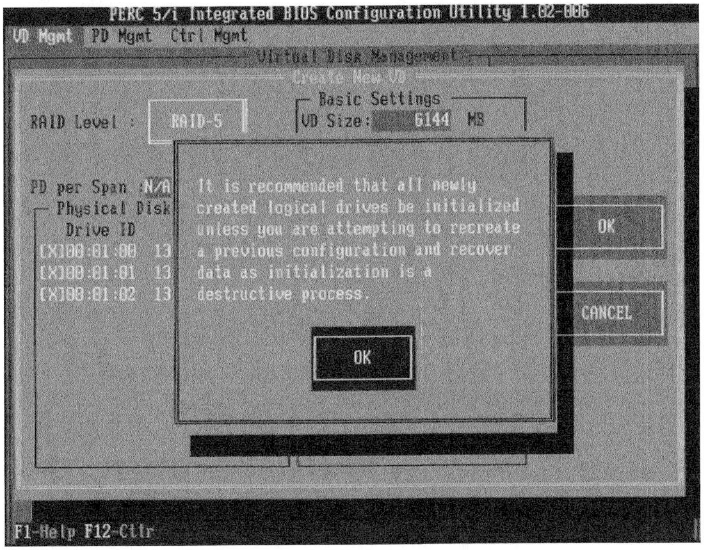

图 2-11

配置完成后就会返回到 VD Mgmt 主界面，将光标移到 Virtual Disk 0 处，按 Enter 键，如图 2-12 所示。

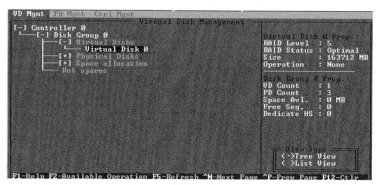

图 2-12

可以看到刚才配置成功的虚拟磁盘信息，查看完成后按 Esc 键可以返回主界面，如图 2-13 所示。

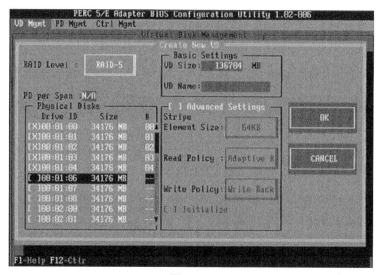

图 2-13

在此界面，将光标移至图中 Virtual Disk 0 处，按 F2 键可以展开对此虚拟磁盘操作的菜单。

和系统类似，当左边有"+"标志时，将光标移至此处，按向右方向键可以展开子菜单，按向左方向键可以关闭子菜单，如图 2-14 所示。

如图 2-15 所示，可以对刚才配置成功的虚拟磁盘（Virtual Disk 0）进行初始化（Initialization）、一致性校验（Consistency Check）、删除、查看属性等操作。

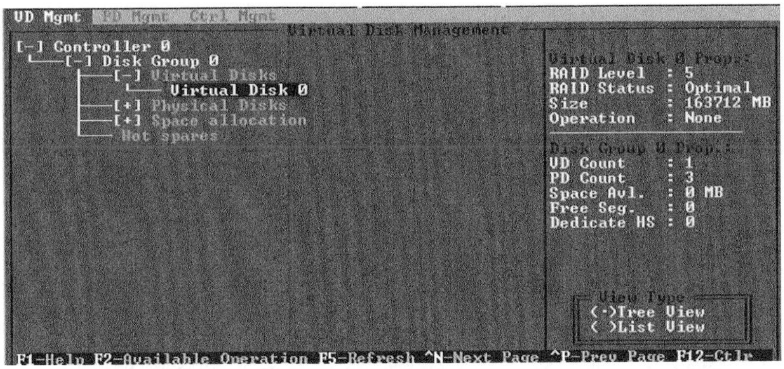

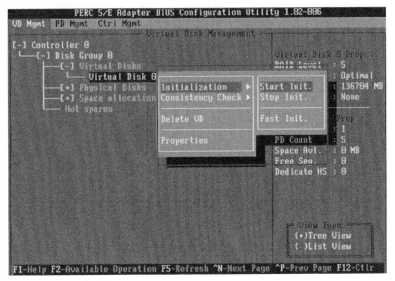

图 2-14

图 2-15

如果要对此虚拟磁盘进行初始化，可以将光标移至 Initialization 处，按 Enter 键后选择 Start Init。此时会弹出提示窗口，初始化将会清除所有数据，如果确认要进行初始化操作，在 OK 处按 Enter 键即可继续，如图 2-16 所示。

需要注意的是，初始化会清除硬盘、阵列中的所有信息，并且无法恢复。

确认后可以看到初始化的进度，左上框内为百分比表示，右上框内表示目前所进行的操作，如图 2-17 所示。初始化进行为 100%时，虚拟磁盘的配置完成。

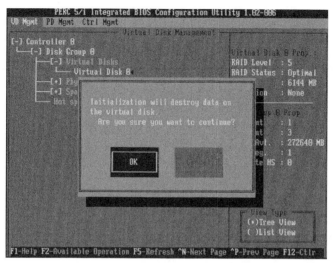

图 2-16

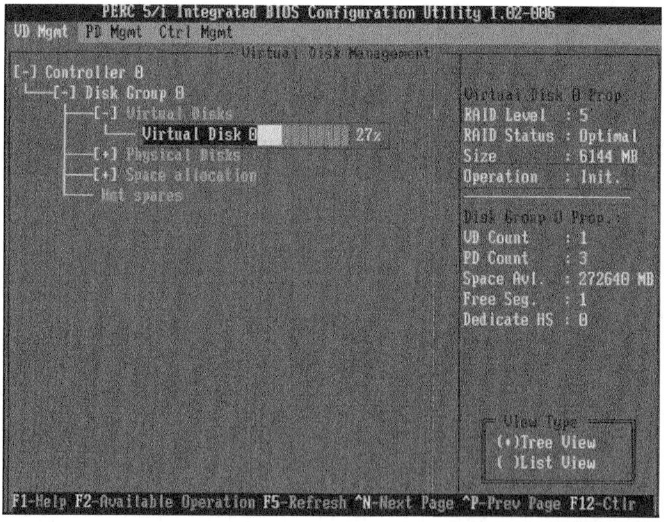

图 2-17

如果刚才配置虚拟磁盘的时候没有使用阵列的全部容量，剩余的容量可以在这里划分使用。将光标移至 Space allocation 处，按向右方向键展开此菜单，如图 2-18 和图 2-19 所示。

将光标移至*Free Space*处，按 F2 键即可在弹出的 Add New VD 处按 Enter 键，如图 2-20 所示。

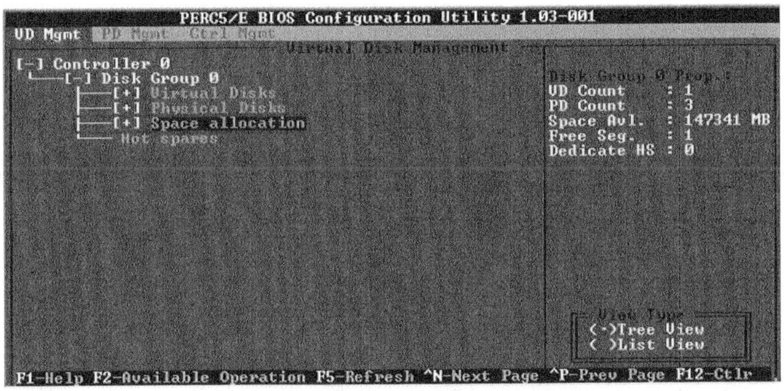

图 2-18

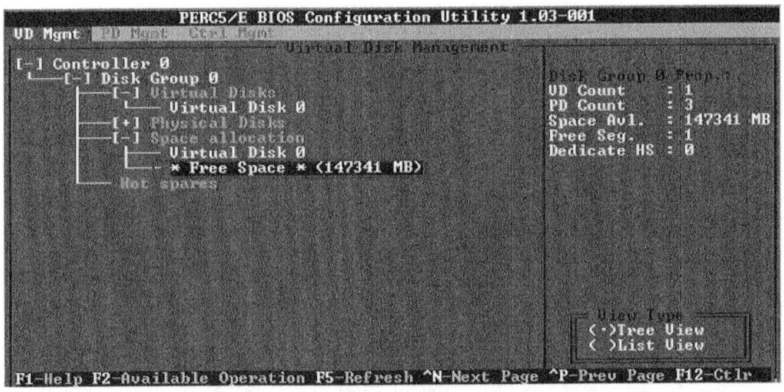

图 2-19

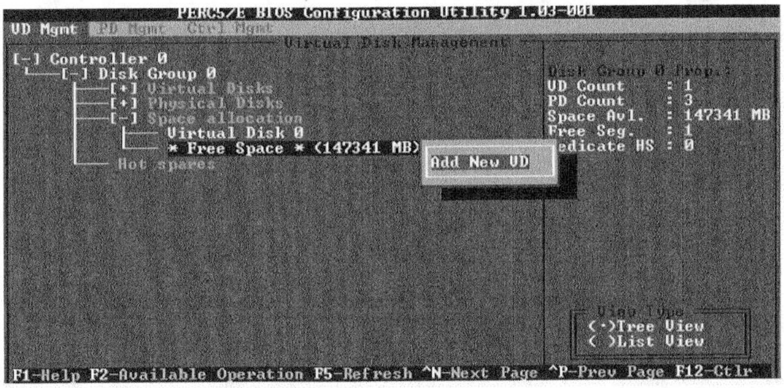

图 2-20

再次进入配置虚拟磁盘的界面,此时左下框内为刚才配置的虚拟磁盘已经选择的物理磁盘信息,右上框内可以选择要划分的容量空间,如图 2-21 所示。同样,如果不全部划分,可以再次返回,进行下一个虚拟磁盘的创建。

这里要提醒的是,由于虚拟磁盘的建立是基于刚才所创建的阵列,所以 RAID Level

与刚才所创建的相同，无法更改。

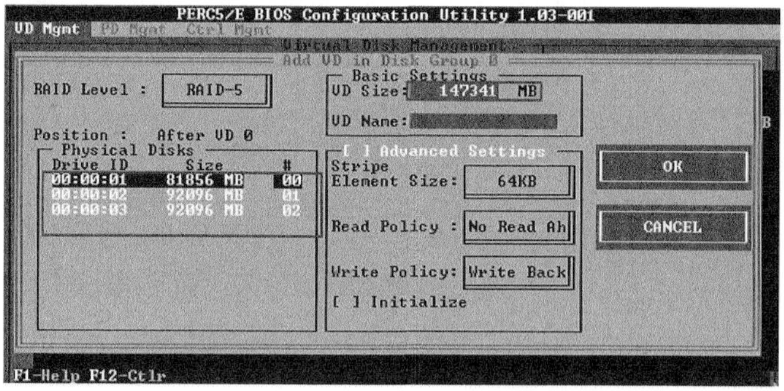

图 2-21

每一次创建都会在 Virtual Disks 中添加新的虚拟磁盘。这些虚拟磁盘都是在同一个磁盘组（也就是我们刚才所配置的 RAID5）上划分的，如图 2-22 所示。

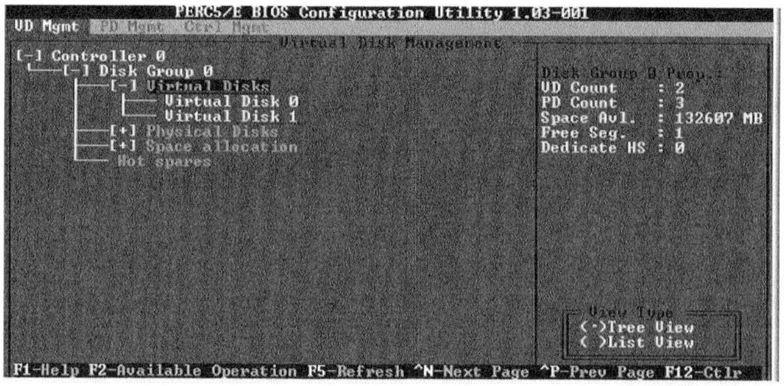

图 2-22

经过这些配置，相信应该可以满足你那边安装系统的需要了。

祝你好运！

2.1.3　服务器初始化

看完邮件后，小鑫感觉自己对现在公司的业务知之甚少，对服务器的选型基本无从下手。另外，小鑫确实没想到服务器装系统前还有这些设置，好在现在的线上应用没有正式启用，赶紧和开发人员沟通，然后去修改服务器的一些设置。

确定要做的事后，小鑫准备打开附件，好在配置 PXE 服务器还不是很麻烦。小鑫决定明天在自己的笔记本上配置一个，这样以后去机房一开服务器就可以自动安装系统了，还是挺方便的。然后小鑫打开了初始化的附件。

```bash
#!/bin/bash
ip='XXXXX'
change_dns (){
    resolv="resolv.conf"
    mv /etc/resolv.conf /etc/resolv.bak
    wget http://$ip:88/conf/$resolv -O /etc/$resolv
}

close_service (){
    for s in acpid anacron auditd autofs avahi-daemon bluetooth cpuspeed cups firstboot gpm haldaemon hidd hplip iptables ip6tables irqbalance isdn kudzu lvm2-monitor mcstrans mdmonitor messagebus netfs nfslock pcscd portmap readahead_early restorecond rhnsd rpcgssd rpcidmapd sendmail setroubleshoot smartd xfs xinetd modclusterd yum-updatesd
    do
        chkconfig --level 012345 $s off
        service $s stop
    done
}
install_sshpubkey (){
    pubfile="authorized_keys"
    sshconf="sshd_config"
    mkdir -p /root/.ssh
    cd /root/.ssh/
    rm -f $pubfile
    wget http://$ip:88/conf/$pubfile
    chmod 600 $pubfile
    chattr +i /root/.ssh/authorized_keys

    #update ssh configure
    cd /etc/ssh/
    mv $sshconf $sshconf.$(date +"%Y%m%d%H%M")
```

```
        wget http://$ip:9090/conf/$sshconf
        chmod 600 $sshconf
        service sshd restart
    }

    close_selinux (){
        sed -i "s/SELINUX=enforcing/SELINUX=disabled/g" /etc/selinux/config
        /usr/sbin/setenforce 0
    }

    close_ipv6 (){
        modfile="/etc/modprobe.d/close_ipv6.conf"
        sed -r -i -e 's/^(NETWORKING_IPV6=)yes/\1no/' /etc/sysconfig/network
    cat >> $modfile <<EOF
    alias net-pf-10 off
    options ipv6 disable=1
    EOF
    }

    usage (){
        echo                "Usage: $(basename $0) [change_dns|close_service|install_sshpubkey|install_yum_source|"
        echo "               close_ipv6 |close_selinux|all]"
        echo ""
        echo "change_dns         change /etc/resolv.conf, add nameserver server."
        echo "close_service      close don't used service."
        echo "install_sshpubkey  don't password login server."
        echo "close_selinux      close selinux configure file."
        echo "close_ipv6         close ipv6 service."
        echo "all                execute all command."
        exit 1
    }
```

```
command=$1
if [ -z "$command" ];then
      usage
fi

case $command in
      change_dns)
            change_dns;;
      close_service)
            close_service;;
      install_sshpubkey)
            install_sshpubkey;;
      close_ipv6)
            close_ipv6;;
      close_selinux)
            close_selinux;;
      all)
            change_dns
            close_service
            install_sshpubkey
            close_selinux
            close_ipv6
            ;;
      *)
            usage;;
esac

netstat -tpln
exit 0
```

这些服务根据情况更改如下：

```
chkconfig --level 012345 acpid off
chkconfig --level 012345 anacron off
chkconfig --level 012345 auditd off
```

```
chkconfig --level 012345 autofs off
chkconfig --level 012345 avahi-daemon off
chkconfig --level 012345 bluetooth off
chkconfig --level 012345 cpuspeed off
chkconfig --level 012345 cups off
chkconfig --level 012345 firstboot off
chkconfig --level 012345 gpm off
chkconfig --level 012345 haldaemon off
chkconfig --level 012345 hidd off
chkconfig --level 012345 hplip off
chkconfig --level 012345 iptables off
chkconfig --level 012345 ip6tables off
chkconfig --level 012345 irqbalance off
chkconfig --level 012345 isdn off
chkconfig --level 012345 kudzu off
chkconfig --level 012345 lvm2-monitor off
chkconfig --level 012345 mcstrans off
chkconfig --level 012345 mdmonitor off
chkconfig --level 012345 messagebus off
chkconfig --level 012345 netfs off
chkconfig --level 012345 nfslock off
chkconfig --level 012345 pcscd off
chkconfig --level 012345 portmap off
chkconfig --level 012345 readahead_early off
chkconfig --level 012345 restorecond off
chkconfig --level 012345 rhnsd off
chkconfig --level 012345 rpcgssd off
chkconfig --level 012345 rpcidmapd off
chkconfig --level 012345 sendmail off
chkconfig --level 012345 setroubleshoot off
chkconfig --level 012345 smartd off
chkconfig --level 012345 xfs off
chkconfig --level 012345 xinetd off
chkconfig --level 012345 modclusterd off
```

```
chkconfig --level 012345 yum-updatesd off

service acpid stop
service anacron stop
service auditd stop
service autofs stop
service avahi-daemon stop
service bluetooth stop
service cpuspeed stop
service cups stop
service firstboot stop
service gpm stop
service haldaemon stop
service hidd stop
service hplip stop
service ip6tables stop
#service iptables stop
service exim stop
service irqbalance stop
service isdn stop
service kudzu stop
service mcstrans stop
service mdmonitor stop
service messagebus stop
service netfs stop
service nfslock stop
service pcscd stop
service portmap stop
service readahead_early stop
service restorecond stop
service rhnsd stop
service rpcgssd stop
service rpcidmapd stop
```

```
service sendmail stop
service setroubleshoot stop
service smartd stop
service xfs stop
service xinetd stop
service modclusterd stop
```

小鑫浏览了这个初始化脚本。感觉内容不多。邮件中刘老师说这脚本是他们前些年使用的，而现在已经过渡到 Puppet 了，可能只是为了使用 Puppet 或者 Salt 而做准备吧。这些应用以前只是听说过，是用于批量管理系统的，不过看样子确实需要学习一下 Puppet 或者 Salt 了。

2.1.4 硬件监控 Openmanage

小鑫在服务器系统安装完后做了一些简单的配置，然后就去学习 Puppet 了。

几周后的某天，开发人员过来找小鑫说服务器连不上了。小鑫一想，死机的话就找机房重启一下吧。小鑫联系了机房，没几分钟就接到机房的电话，确认是死机后就重启了。重启后登录系统小鑫发现内存少了 8GB，怎么会没了一条内存呢？小鑫搞了半天，最后还是找供应商换了内存才恢复正常。只是小鑫没搞明白，为什么会突然死机，为什么会在重启后内存的容量减少了呢？供应商也没说出原因，只是说经常遇到这事，换根内存就能解决，所以小鑫只好请教刘老师了。

刘老师：

您好！

我公司用的是 DELL 的服务器。这次情况是服务器突然死机，重启后发现少了一条 8GB 内存的容量。我不太清楚这是怎么回事，麻烦刘老师帮帮我，谢谢。

晚上回家后小鑫收到了刘老师的邮件，想来这种情况可能不是什么大事吧，然后小鑫打开邮件阅读起来。

小鑫：你好！

你说的这种事情对我来说是比较常见的，我自己也遇到过好多次。服务器突然死机，重启后少了一条或者两条内存的容量；或者在使用中，内存容量减少了。这种事情在 DELL 的服务器上比较常见（因为我用 DELL 的服务器已经有些年头了）。如果你们的服务器是在 DELL 官方购买一般不会出现这样的情况。出现这样的情况大多都是供应商的问题，因为他们手里的服务器很多且都是不同批次的。你可以找供应商换换硬件就行，因为这种情况硬件一般不是坏的。

还有一种是你装完 Openmanager 后的系统监控，有时候会监控到 CPU 损坏的报警，其实也是内存的问题，换换内存就好了。一般情况下 CPU 是不会坏的，这一点你注意一下。

另外就是要安装网卡、硬盘等驱动及固件（我这边安装的都是最新版本的），除了提升各硬件的性能外，还可以解决意外的情况。比如，使用 DELL 服务器的网卡，如果安装的系统版本比较低，在传数据比较频繁的时候会出现从丢包到不通的情况，重启即可解决所有问题（无硬件及网络故障）。

所以，建议在系统初始化时要将硬件驱动和固件升级至最高版本。

另外 DELL 的服务器有一套自己监控硬件信息的软件，你可以在 DELL 官网上找到。输入网址 http://www.dell.com/support/drivers/cn/zh/cnbsd1/ProductSelector，然后输入服务器的 Serial Number 即可，如图 2-23 所示。

图 2-23

当然，你可以登录你的服务器，然后使用 dmidecode 查找 SerralNumber，如图 2-24 所示。

图 2-24

提交正确的 Serial Number 后，找到相应的系统及模块，就可以下载 Openmanage 了，如图 2-25 和图 2-26 所示。

图 2-25

图 2-26

Openmanage 的安装非常简单，如下所示，你修改一下文件就行了。

```
#!/bin/bash
for i in 'echo $*'
do
ssh $i <<'EOF'
if [ -f /opt/dell/srvadmin/sbin/omreport ];then
    /opt/dell/srvadmin/sbin/srvadmin-uninstall.sh -f
    rm -rf /opt/dell
fi

om_name='OM-SrvAdmin-Dell-Web-LX-7.2.0-6945.RHEL5.x86_64'
mkdir /opt/dell
cd /opt/dell
wget http://192.168.X.X:8989/conf/$om_name.tar.gz
tar -zxvf $om_name.tar.gz
cd linux/supportscripts/
sed -i -e 's/$/ Tikanga/' /etc/redhat-release
bash srvadmin-install.sh -x
bash srvadmin-services.sh start
bash srvadmin-services.sh enable
rm -f /opt/dell/$om_name.tar.gz
EOF
Done
```

启动后，打开网址 https://IP:1311/，输入系统 root 及 root 密码即可登录。由于这方面的内容比较多，我只是给出几张截图，你自己安装后体验一下吧，如图 2-27 和图 2-28 所示。

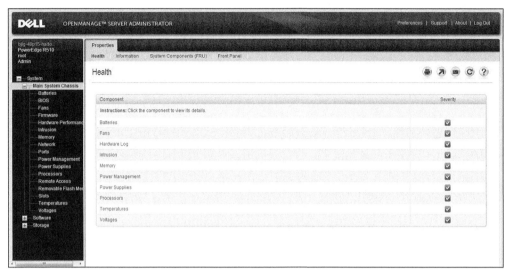

图 2-27

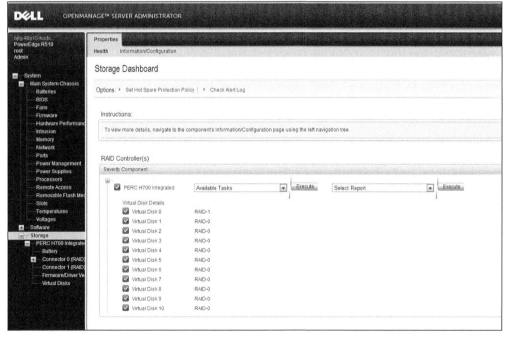

图 2-28

附件是简单的监控脚本,你可以根据自己的情况进行修改。

另外,建议你最好配置远程管理控制卡(买服务器的时候一定要买这个卡),这样一般只要计算机有电就可以自己去及时处理问题,而不用再去找机房值班人员了,会更方便且更快捷。

现在的 DELL 服务器的 R420 和 R720(其他新的型号类似)的远程控制卡是需要激活的,一般由提供商负责激活。配置远程控制卡我就不多说了,需要重启服务器等配置操作,很麻烦。附件里有一个脚本是在系统安装 Openmanager 后直接用脚本去更改远程控制卡配置,相对来说比较方便。

另外再说一下远程控制卡的连接,不需要给远程控制卡插根网线连接到交换机,服务器及交换的绑定已经占用不少端口了,如果再加上远程控制卡的端口,交换机的利用率会低很多。

我这边用的是 SSH 隧道连接到机房,在本地开通一个代理,这样浏览器就可以直接访问到机房的 IP 了。这种方法我个人用着比较方便(当然如果你那边服务器可以接入 VPN 的话可能就会更方便)。图 2-29 是建立 SSH 隧道,图 2-30 是浏览器的设置(因为浏览器种类比较多,这里不一一列举)。这里要说明的是浏览器代理设置的类型为 Sock5,连接本地的地址是 127.0.0.1,端口使用的是 7070。(IP 及端口是图 2-7 所示的文件指定)。

设置完这些后,就能以连接的服务器为代理去访问数据了。

祝你好运!

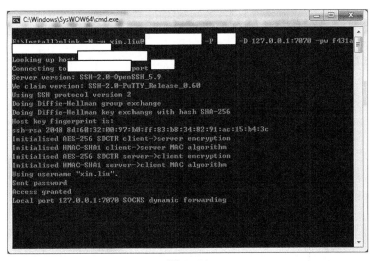

图 2-29

Name	Type	Address	Port
	SOCKS5	127.0.0.1	7070
	SOCKS5	127.0.0.1	7070
	SOCKS5	127.0.0.1	7070

图 2-30

看完后，小鑫觉得这些东西太实用了，自己完全可以用 omreport 命令为基础来写一些监控，回头和领导提下需求，想必领导也会同意。另外没想到的是，新装完系统还需要升级各种硬件的驱动和固件，以前从来没考虑过这方面的事。这还多亏刘老师提醒，不然以后网卡用一用就丢包，还真不好检查。

小鑫和领导提出了监控硬件的需求并且加到了运维平台里，领导得知相应的需求后就着手让开发人员去做相关的事情了。然后小鑫根据刘老师给出的附件文件安装 Openmanager，并设置远程控制卡。

在配置过程中，小鑫发现，如果要通过远程控制卡的虚拟终端来访问服务器（远程控制卡里访问系统的 console），还需要安装 Java 环境和使用 IE 内核的浏览器，配置 IE 的代理如图 2-31 所示。

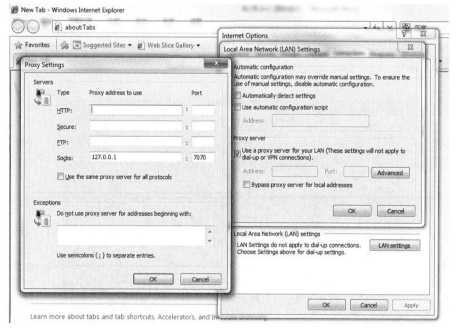

图 2-31

小鑫配置检查了一下需要使用的功能，一切正常后就开始全面部署，这样以后服务器出现问题就可以直接远程解决了，这比起叫机房值班人员会更快捷、更方便。

2.2 小结

通过这次对服务器初始化的一些操作，小鑫了解到不是装好系统就可以交付了，还需要配置及安装来完善服务器硬件及系统软件的需求。这样做不但可以提高服务器性能、降低服务器故障率，还可以方便、快速地解决问题。这些都很重要，也是应该掌握的。

小鑫希望下次能够了解到在运维中常用的知识。

第3章 服务器运维根基之工具

在服务器正常上架后小鑫的事情不是很多,所以他一直在学习刘老师博客中的视频课件。小鑫本身基础不是很好,没有系统地学习过 Linux,只是在平时工作中需要什么就临时上网查找。虽然说这可以解决当时的问题,但从长远来看如果不能掌握基础理论,学习其他相关的东西就会很慢。

3.1 运维常用的连接工具和图形工具

3.1.1 SSH 连接工具之 SecureCRT

小鑫晚上回家按照惯例查收邮件,没想到收到了刘老师的邮件。小鑫大致浏览了一下,信中内容是关于使用常用工具方面的。没想到刘老师还记得这件事,小鑫以为刘老师太忙早就忘了呢。

小鑫:

你好!

这段时间也是一直在忙虚拟化的事情,所以回复邮件晚了些。我先和你说说 SSH 连接工具吧。我一般使用 SecureCRT 工具,和它配套传输文件的是 SecureFX,这两个工具是集成的。

SecureCRT 界面如图 3-1 所示。SecureCRT 是一个支持 SSH(SSH1 和 SSH2)的终端仿真程序,同时也支持 Telnet 和 rlogin 协议。它的特点是自动注册、对不同主机保持不同的特性,具备打印功能、颜色设置、可变屏幕尺寸等。SecureCRT 的 SSH 协议支持 DES、

3DES 和 RC4 密码以及密码与 RSA 鉴别。

SecureFX 主要是用来传输文件的，我就不介绍了。它的使用很简单，直接把本地文件拖拽到服务器端相应的位置即可。另外只要服务器安装了 lrzsz，使用 SecureCRT 配合 rz（上传文件到服务器）、sz（传服务器文件到本地）命令即可传输文件。不过，使用这种方法将小文件传输到服务器上还可以，如果上传 10M 以上的文件有时候就会产生错误，在上传到 KVM 虚拟机的时候也容易出现问题，如图 3-2 和图 3-3 所示。

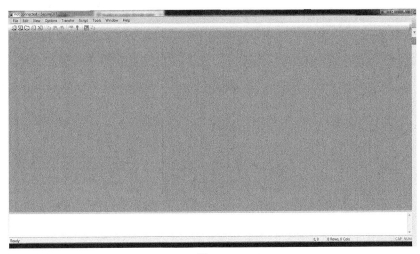

图 3-1

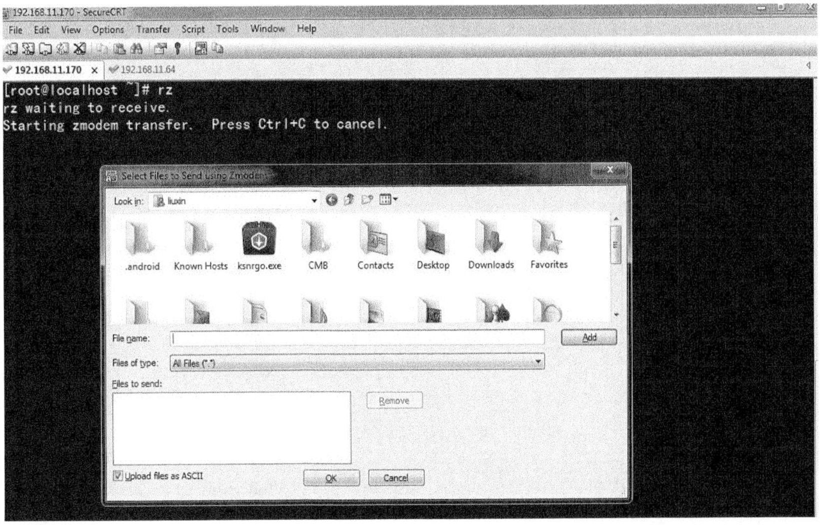

图 3-2

```
[root@localhost ~]# sz install.log
rz
Starting zmodem transfer.  Press Ctrl+C to cancel.
Transferring install.log...
  100%      33 KB     33 KB/sec    00:00:01       0 Errors

[root@localhost ~]#
```

图 3-3

CRT 的配置选项并不是太多。你可以在 Options->Global Options->DefaultSessions 里进行配置，具体设置如图 3-4 所示。

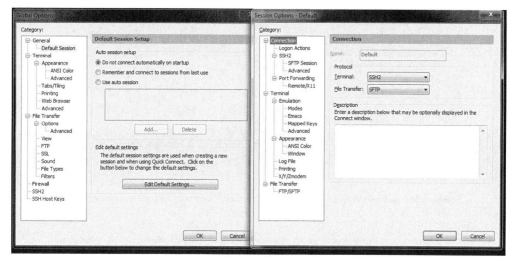

图 3-4

这里要提醒你的是，会话的编码最好选择 UTF-8，这样在系统配置好中文后，就可以在 CRT 终端上正确地显示中文，如图 3-5 所示。

图 3-5

另一个是打开 View-Chat Window 选项，在窗格中可输入命令。在这个窗格中右击就可以看到如图 3-6 所示的 Send Chat to All Tabs 命令，它是为当前终端打开的所有 Session

发送命令。这个功能很实用。

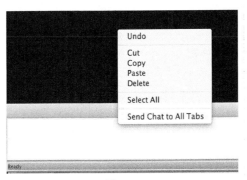

图 3-6

另外再介绍一个比较实用的功能，在 CRT 打开一个会话连接的时候可以自动输入一些常用的命令，这样就不用每次登录时都输入了。

相信你那边的服务器也不会让 root 直接登录，需要以普通用户的身份去登录，然后 sudo 或者 su 到 root 吧。如果是这样就会产生我上面说的问题，每次登录后都需要转换到 root，所以相对来说比较麻烦。你可以在 CRT 设置下自动输入，如图 3-7 所示。

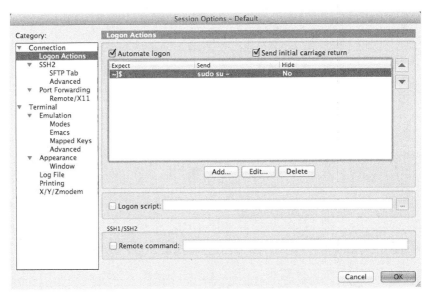

图 3-7

其中，Expect 中的～]$是普通用户登录时的提示符，即匹配的条件，如图 3-8 所示，当然你也可以多写一些。但最好不要只写上$符号，因为大部分脚本里都会有$符号，在 vi 编辑文件 CRT 终端就会匹配这个符号，然后输入 Send 里的内容，造成不必要的麻烦。

图 3-8

图 3-7 的 Send 是匹配条件后要输入的内容，因为这里是用我自己的账户登录后通过 sudo 命令获得 root 权限的，所以在 Send 部分没有隐藏。如果你那边需要输入的是密码，最好选中 Hide 进行列隐藏，如图 3-9 所示。这样当你在登录需要输入密码的时候就可以自动输入了。当然如果这样就不是很安全了，所以在 CRT 上是不是要保存密码以及采用自动输入的方式，你自己衡量吧。

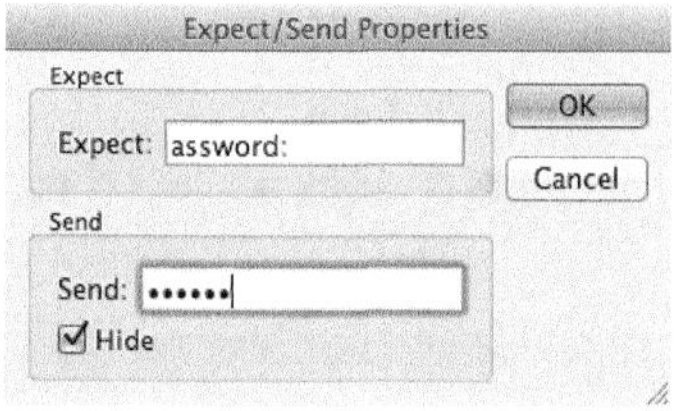

图 3-9

SSH 连接的工具有很多，如 putty、XShell 等。我只是介绍了我常用的，其他的如果你有兴趣可以去下载试试。

3.1.2　图形工具之 Xmanager

在本地显示服务器运行图形的工具，同样也有很多种。Xmanager 可以将 PC 变成 X Windows 工作站（这个是非开源的）。它就像运行在 PC 上的任何 Windows 应用程序一样，可以无缝连接到 UNIX 应用程序中。在 UNIX/Linux 和 Windows 网络环境中，Xmanager 还算是很好的连通解决方案。

这里之所以不推荐使用 VNC，一是因为它不够安全，在传输过程中密码很容易被 sniffer tools 抓包抓到，如大名鼎鼎的 Cain；二是因为速度比较慢。

Xmanager 的安装过程，和安装 Windows 程序一样。安装完后可以在开始菜单中找到，如图 3-10 所示，然后运行 Xmanager-Passive 即可。在 CRT 的 Session 里输入 export DISPLAY=ip:0.0，输入要显示图形的命令即可，如图 3-11 所示。这里的 IP 是 11.96 为本机 IP，图形是 IP 为 11.96 上显示的 KVM 图形管理界面。

图 3-10

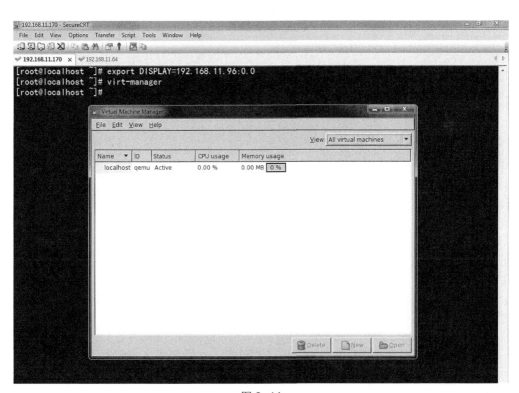

图 3-11

Xmanager 其他的功能我就不介绍了，我偶尔会用它来连接一下图形界面。当然 Xmanager 的功能不仅如此，除了上述的 Xmanager-Passive，在使用客户端连接时同网段的打开 Xmanager-broadcast 可以自动寻找主机，不同网段的在 Xbrowser 中输入 IP 即可。

3.2 运维常用工具

除了以上常用的连接工具，我再介绍几个在系统中效率比较高的工具。

这些工具都是需要手动安装的。首先你可以参见图 3-12，它是出自国外 Lead Performance Engineer（Brendan Gregg）的一次分享。该图差不多涵盖了一个系统的方方面面，如果你没有比较完善的系统及网络方面的知识，可能掌握这张图中所列出的工具有点吃力。不过没关系，可以一步步地了解和学习。

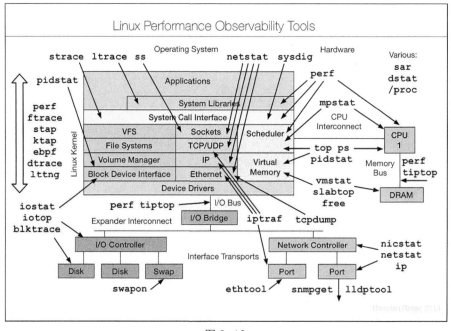

图 3-12

3.2.1 系统监控工具

除了系统自带的一些工具，我再介绍几个常用的系统监控工具。这里我并不会详细讲解各个参数只介绍一下工具的基础功能及常用的参数，其他的如果你不明白可以上网搜索或者给我写邮件。

一般情况下，我们会使用 top 命令来查看系统的内存、CPU 等情况，如图 3-13 所示。它的具体用法及各参数我就不多说了。

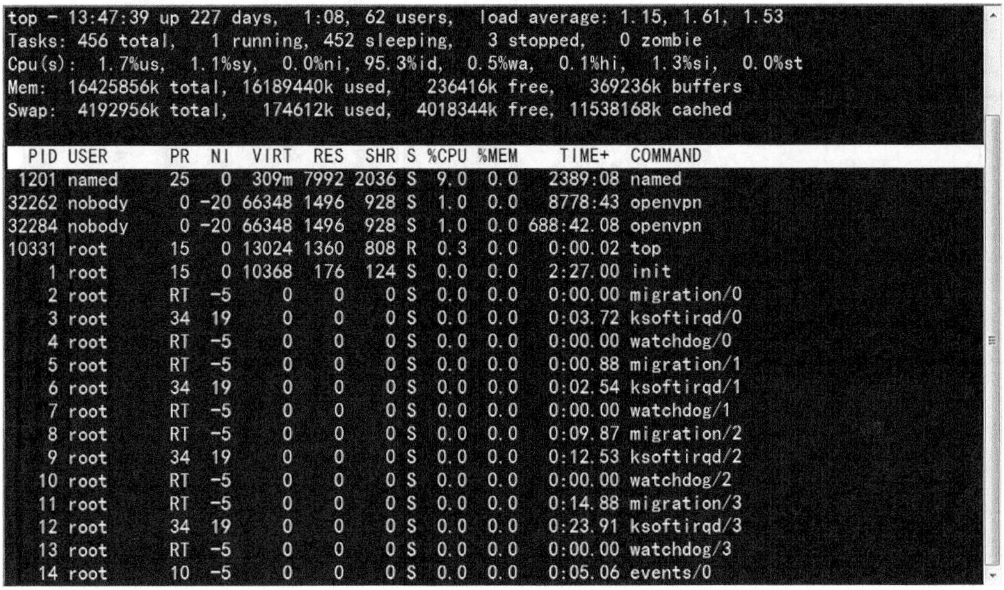

```
top - 13:47:39 up 227 days,  1:08, 62 users,  load average: 1.15, 1.61, 1.53
Tasks: 456 total,   1 running, 452 sleeping,   3 stopped,   0 zombie
Cpu(s):  1.7%us,  1.1%sy,  0.0%ni, 95.3%id,  0.5%wa,  0.1%hi,  1.3%si,  0.0%st
Mem:  16425856k total, 16189440k used,   236416k free,   369236k buffers
Swap:  4192956k total,   174612k used,  4018344k free, 11538168k cached

  PID USER      PR  NI  VIRT  RES  SHR S %CPU %MEM    TIME+  COMMAND
 1201 named     25   0  309m 7992 2036 S  9.0  0.0   2389:08 named
32262 nobody     0 -20 66348 1496  928 S  1.0  0.0   8778:43 openvpn
32284 nobody     0 -20 66348 1496  928 S  1.0  0.0 688:42.08 openvpn
10331 root      15   0 13024 1360  808 R  0.3  0.0   0:00.02 top
    1 root      15   0 10368  176  124 S  0.0  0.0   2:27.00 init
    2 root      RT  -5     0    0    0 S  0.0  0.0   0:00.00 migration/0
    3 root      34  19     0    0    0 S  0.0  0.0   0:03.72 ksoftirqd/0
    4 root      RT  -5     0    0    0 S  0.0  0.0   0:00.00 watchdog/0
    5 root      RT  -5     0    0    0 S  0.0  0.0   0:00.88 migration/1
    6 root      34  19     0    0    0 S  0.0  0.0   0:02.54 ksoftirqd/1
    7 root      RT  -5     0    0    0 S  0.0  0.0   0:00.00 watchdog/1
    8 root      RT  -5     0    0    0 S  0.0  0.0   0:09.87 migration/2
    9 root      34  19     0    0    0 S  0.0  0.0   0:12.53 ksoftirqd/2
   10 root      RT  -5     0    0    0 S  0.0  0.0   0:00.00 watchdog/2
   11 root      RT  -5     0    0    0 S  0.0  0.0   0:14.88 migration/3
   12 root      34  19     0    0    0 S  0.0  0.0   0:23.91 ksoftirqd/3
   13 root      RT  -5     0    0    0 S  0.0  0.0   0:00.00 watchdog/3
   14 root      10  -5     0    0    0 S  0.0  0.0   0:05.06 events/0
```

图 3-13

htop 是一个 Linux 下交互式的进程浏览器，可以用来替换 Linux 下的 top，如图 3-14 所示。

下面简单介绍一下 htop 优于 top 的方面吧。

htop 可以进行水平或竖直滚动，以便看到所有的进程和完整的命令行，还可以跟踪进程（不过这需要通过集成 strace 来实现）。另外，它还支持进程树状显示、按名称查找进程、支持鼠标等。显示进程打开的文件（打开 htop 后选择某一进程，按 s 键即可用 strace 追踪进程的系统调用）及显示进程内存映射情况，这两点是常用的。至于其他用法很简单，程序下方都有功能提示。

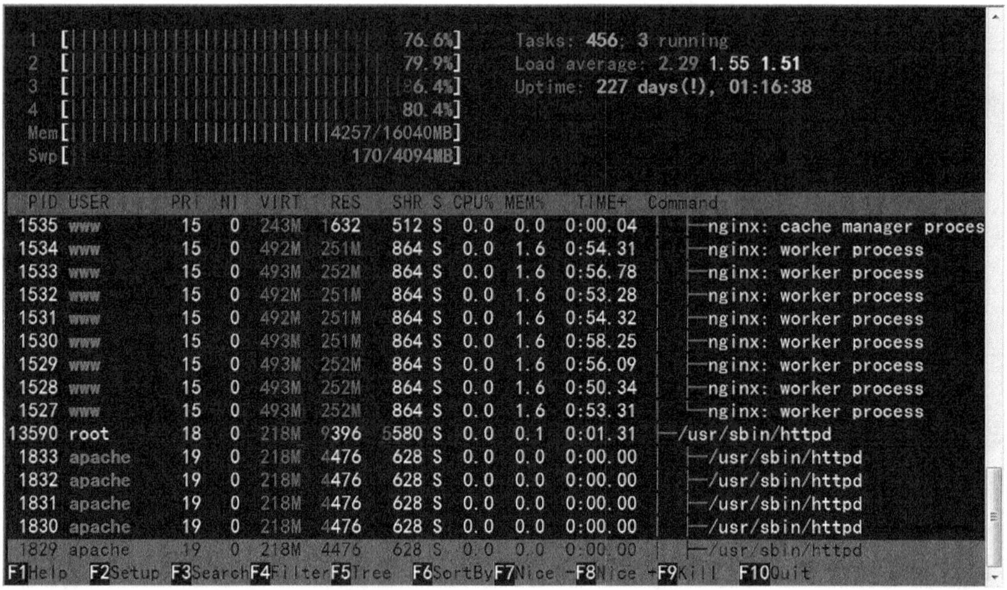

![图 3-14 htop 界面截图]

图 3-14

一般情况下，直接用 Yum 安装 htop 即可（但是要添加 epel 的 Yum 源）。如果使用源码的方式安装的话，别忘记安装 ncurses-devel 包（依赖关系）。

如果你用惯了 top，也可以用 top 来打开 htop。编辑 /root/.bashrc 文件，添加如下代码即可。

```
if [ -f /usr/local/bin/htop ]; then
    alias top='/usr/local/bin/htop'
fi
```

然后执行 source /root/.bashrc 或者重新登录即可。

除了 htop，还有 iotop（用来监控硬盘 I/O 的使用情况，具有和 top 类似的 UI。因为是使用 Python 编写的，所以要求 Python 2.5 以上版本和 Linux 2.6.20 以上内核，如图 3-15 所示，iftop 如图 3-16 所示。这些工具使用简单，结果一目了然。

关于 I/O 的工具，其中 iostat 是系统状态包自带的，具体使用方法可以参考我的博客 http://blog.chinaunix.net/uid-10915175-id-3246219.html。

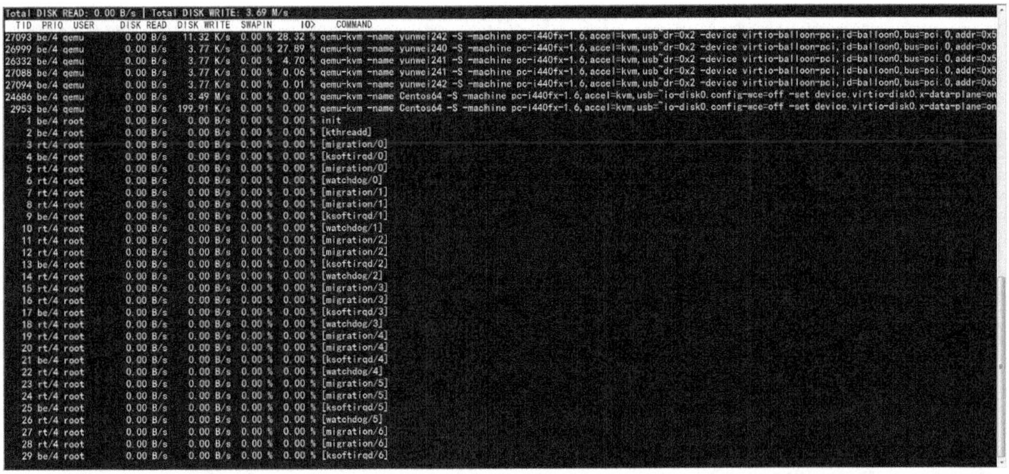

图 3-15

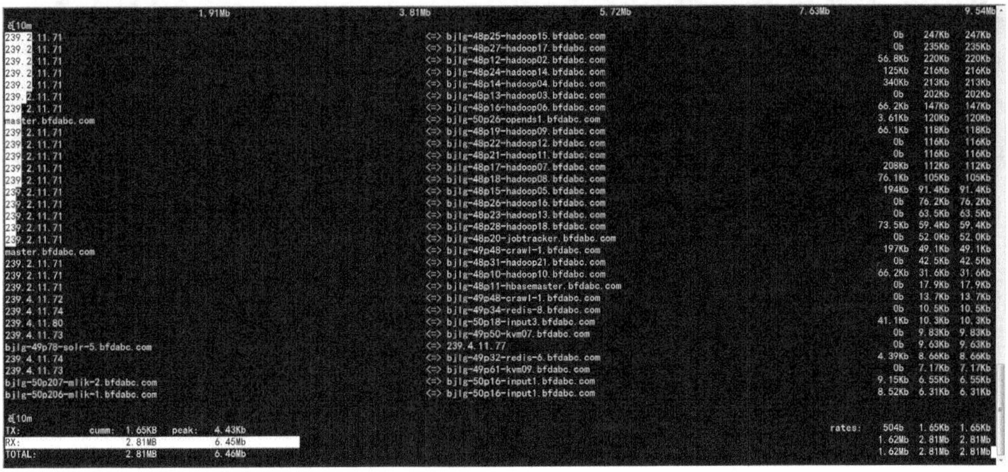

图 3-16

3.2.2 多功能系统信息统计工具

简单地说，dstat 是一个用来替换 vmstat、iostat、netstat、nfsstat 和 ifstat 等命令的工具，是一个全能系统信息统计工具。它既可以用 Yum 安装（yum install dstat），也可以用其他方式安装。

默认执行的情况如图 3-17 所示，图 3-18 为 dstat 支持的插件。如果你那边没有显示这么多的内容，有可能是安装的包不含这些插件或者是路径不对。图 3-19 为 dstat 支持插件的路径（可以用 vi 打开文件 dstat 查看）。你可以多试几次，至于每个插件的作用可以通过名称大致了解了。

图 3-17

图 3-18

图 3-19

我个人觉得 dstat 输出比较直观，输出是彩色的，这大大增强了它的可读性，而且它的扩展工具比较多，所以很多时候我把它当做查看系统状态的首选工具。

我最常用的是找出占用资源最高的进程和用户，因为需要调整各种参数。其参数是 --top-（io|bio|cpu|cputime|cputime-avg|mem），通过这几个选项，可以看到具体是哪个用户、哪个进程占用了相关系统资源，这对系统调优非常有效。例如查看当前占用 I/O、CPU、内存等最高的进程信息可以使用 dstat --top-mem --top-io --top-cpu，如图 3-20 所示。

因为篇幅限制，这里不做太多的介绍，你也可以登录我的博客 http://blog.chinaunix.net/uid-10915175-id-4543091.html 看看 dstat 的介绍 。

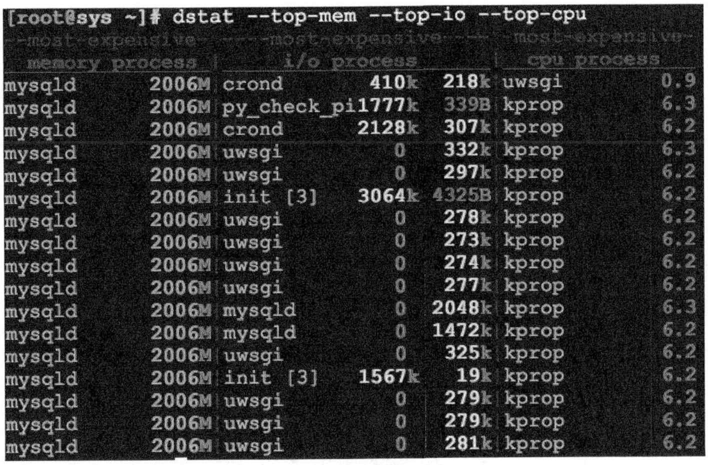

图 3-20

3.2.3 资源监控工具

下面我再介绍一个类似的工具，以便让你有更多的选择。glances 是一个用于 Linux 和 BSD 的开源命令行系统监视工具。它使用 Python 语言开发，能够监视 CPU、磁盘 I/O、内存、负载、网卡流量、文件系统、系统温度等，如图 3-21 所示。

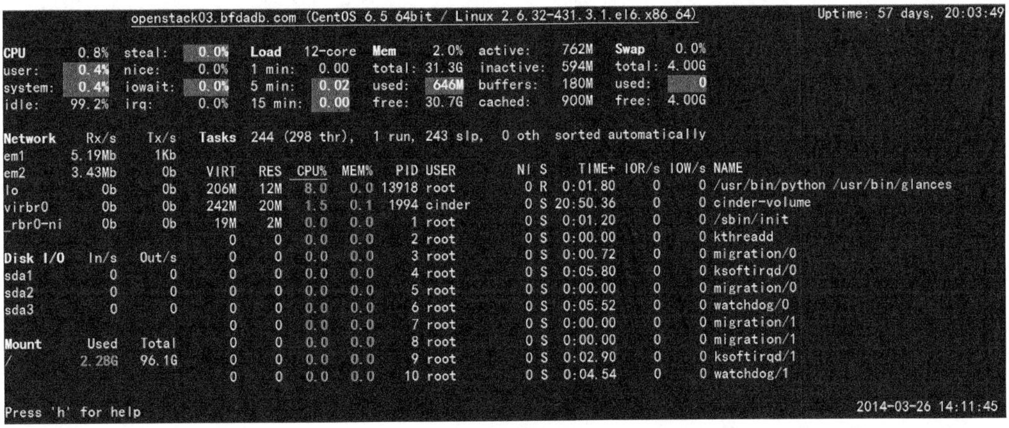

图 3-21

glances 可以在终端上显示重要的信息，且是动态实时更新。另外，它并不会消耗大量的 CPU 资源。glances 还可以将相同的数据导出到一个文件中，便于对报告进行分析和绘图。输出文件可以是电子表格的格式（.csv）或者 html 格式。

这里要说明的是，如果要监控主板、CPU 的工作电压、风扇转速、温度等数据，需要安装 lm_sensors 软件（通过 Yum 安装即可）

glances 需要系统环境中有 Python、Python-pip、Python-devel 和 gcc 等，可以使用命令行 pip-Python install glances 来安装这几个包。

Glances 的另一个特点是支持服务器/客户端模式，也就是说可以实现远程监控。服务器端如图 3-22 所示，可以看到监控的端口是 61209。如果规划中有防火墙，需要打开这个端口，在客户端输入 glances -c 192.168.49.72 命令，如图 3-23 所示。注意图 3-23 左下角显示 Connected to 192.168.49.72，说明已经连接到 72 这台服务器了。

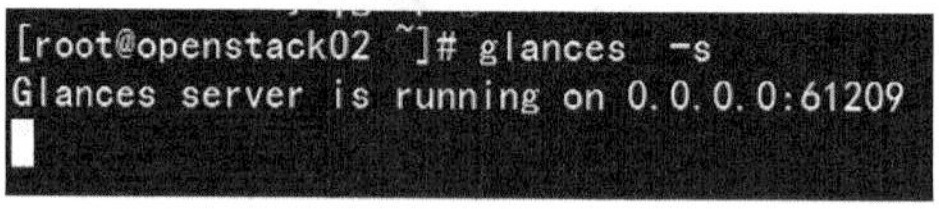

图 3-22

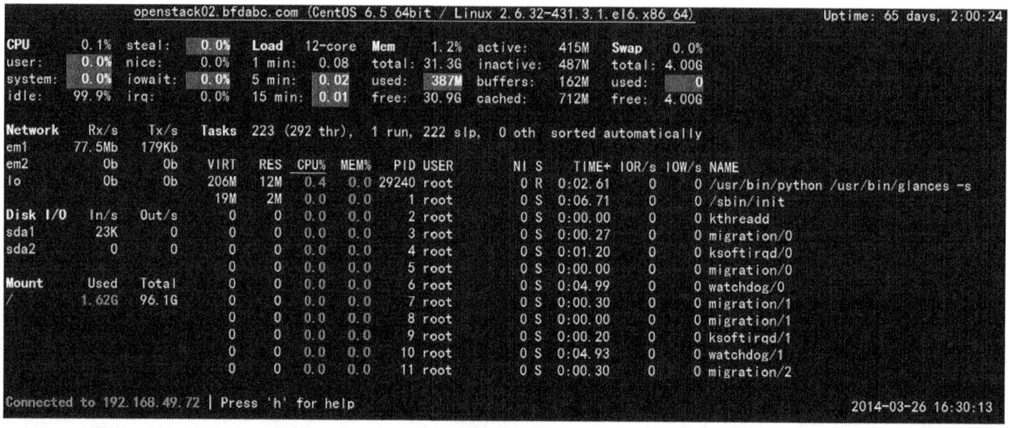

图 3-23

3.2.4 批量管理主机工具

除了上述对系统各种资源的分析及监控工具，这里再介绍一个有助于提高效率的工具——pssh（因为我看你好像没有 shell 基础，所以给你介绍一个开源的）。它是一个可以在多台服务器上执行命令的工具，同时也支持复制文件。使用的前提是必须在各个服务器上配置好密钥认证访问。在我的博客里有一个用 Python 编写的批量管理工具，它是用密码方式访问的，当然你也可以修改用 KEY 的访问形式。

采用 Python 方式安装得比较简单，先执行 python setup.py build，然后执行 python setup.py install 即可。安装完后在/usr/bin 下会有相关的可执行程序，这里简单介绍一下 5 个实用的程序。

```
/usr/bin/pscp         //把文件并行的复制到多个主机上
/usr/bin/pslurp       //把文件并行的从多个远程主机复制到中心主机上
/usr/bin/pssh         //在多个主机上并行的运行命令
/usr/bin/pnuke        //并行的在多个远程主机上杀死进程
/usr/bin/prsync       //通过 rsync 协议把文件高效的并行复制到各个主机上
```

使用 pssh 之前需要在相关的服务器上都配置成 KEY 的访问形式。

```
ssh-keygen            #生成本机密钥
ssh-copy-id -i /root/.ssh/id_rsa.pub root@ IP    //复制密钥到远程服务器
```

配置完 KEY 后，需要编辑一个服务器列表的文件，名称暂定为 server。其内容就是每个服务器的 IP（也可以加上用于连接 ssh 的用户名和端口，如 root@192.168.1.88:3233），一行一个 IP，如图 3-24 所示。

图 3-24

下面简单介绍一下它的常见用法。

pssh -h server -l root -P hostname：在各个主机中执行 hostname 命令。

pscp -h server -r /tmp/master/1.txt /tmp/slave/：将主节点的/tmp/master/1.txt 复制到从节点的/tmp/slave/目录下。

另外 3 个命令的作用我就不介绍了，还是建议你学习 Python，因为你将看到我写的那两个脚本的功能完全可以替代这个工具（当然需要根据实际需求相应修改）。

其实在管理多台服务器的情况下，批量管理还是建议用 Puppet 或者是 Salt。Puppet 是成熟且重量级的产品。Salt 是一个相对较新的且灵活的产品，建议你都了解一下。

3.2.5 网络监控工具

个人感觉网络还是比较难监控的。在监控性能的时候,会有很多因素是不在监控范围之内的,比如延迟、冲突、坏包等。所以这里先介绍一下以太网和 TCP/IP。

一般情况下,所有以太网都是自适应的。大多数的企业网络都是百兆或者是千兆带宽的网络,所以一般可以使用 ethtool 来查看网卡的状态。如图 3-25 所示,可以看到当前网卡是运维在千兆自适应下。命令行 **ethtool -s eth0 speed 100 duplex full autoneg off** 是强制 eth0 网卡运行在百兆模式下。绝大多数情况下是不会把千兆网卡设定成百兆的,但因为一些交换机和服务器网卡兼容性问题,只能这么设置,否则就会不通。

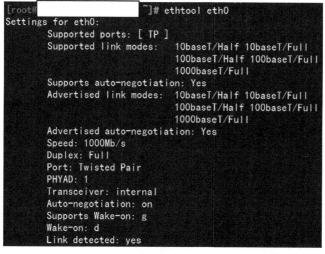

图 3-25

Ethtool 工具还要设置一个比较实用的配置,这里只是介绍一下网卡的缓存(至于网卡还需要很多的设置,你可以登录我的博客查看虚拟化方面的内容),如图 3-26 所示。

网卡显示正常,但这并不能表示整体的网络没有问题。因为服务器之间是通过网线、交换机、路由器这些网络设备来通信的,所以可以通过服务器之间传输数据来测试延迟和速度。我们可以使用 iptraf –d eth0 来查看本地服务器的网卡吞吐量,如图 3-27 所示。还有一个很实用的选项是可以查看服务器中哪些端口在哪个网卡上的流量,直接运行 iptraf 命令,然后按照提示操作即可,如图 3-28~图 3-31 所示。

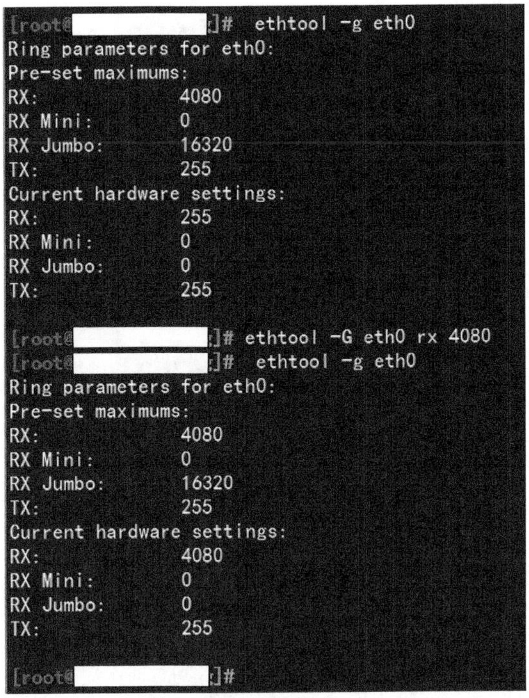

图 3-26

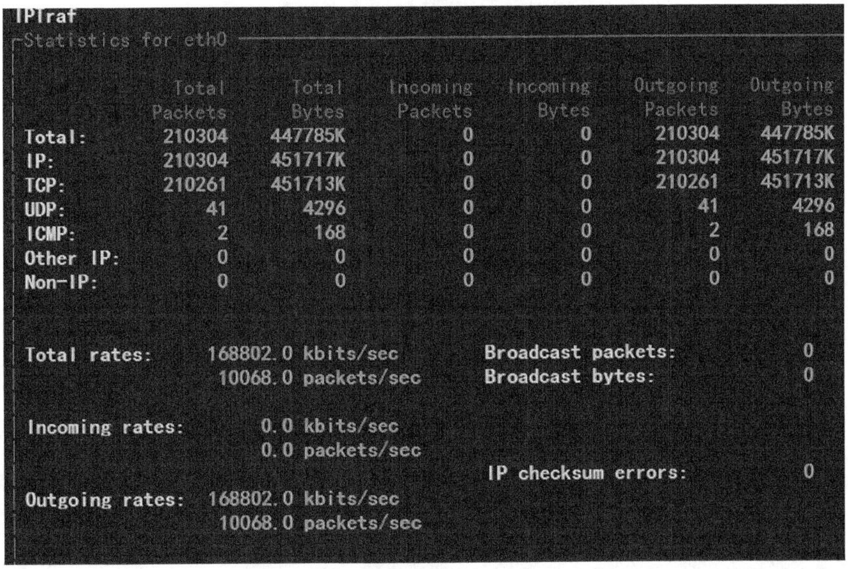

图 3-27

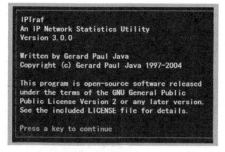

图 3-28

图 3-29

图 3-30

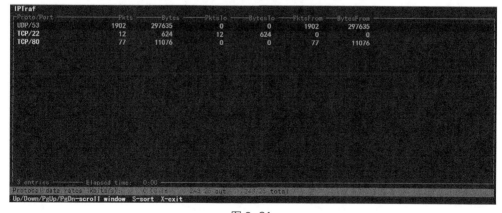

图 3-31

3.2.6 网络测试工具

前面所介绍的监控网络的工具，在查询相对的应用时非常有用的，尤其是多个应用在同一台服务器上时。下面介绍网络测试工具 netperf。它的安装还是很简单的，执行 configure，make，make install，就这么 3 步。然后在服务端运行 netserver 即可，如图 3-32 所示，监听的端口是 12865，可以执行 netstat -luntp|grep 12865，如图 3-33 所示。

```
[root@master netperf-2.6.0]# netserver
Starting netserver with host 'IN(6)ADDR_ANY' port '12865' and family AF_UNSPEC
```

图 3-32

```
[root@master ~]# netstat -luntp|grep 12865
tcp        0      0 :::12865        :::*        LISTEN        24869/netserver
[root@master ~]#
```

图 3-33

客户端的安装也是一样，然后运行命令如图 3-34 所示。我们可以看到最终的结果是近 950MB，这对于一个千兆的网卡来说还是不错的。

```
 87380  16384  16384    10.03     949.19
[root@bjzw-24p26 netperf-2.6.0]# netperf  -H 192.168.24.23 -l 10
MIGRATED TCP STREAM TEST from 0.0.0.0 (0.0.0.0) port 0 AF_INET to 192.168.24.23 () port 0
AF_INET
Recv   Send    Send
Socket Socket  Message  Elapsed
Size   Size    Size     Time     Throughput
bytes  bytes   bytes    secs.    10^6bits/sec

 87380  16384  16384    10.03     949.16
```

图 3-34

3.2.7 文件打开工具

下面介绍一个很有用的工具，用来打开文件。也许你会觉得奇怪，为什么打开个文件还需要工具呀？因为通过查看打开的文件，可以了解更多关于系统的信息。

使用 lsof，可以检查打开的文件，并根据需要在卸载之前中止相应的进程。同样地，如果你发现了一个未知的文件，那么可以找出到底是哪个应用程序打开了这个文件。

首先要具有 root 权限，因为 lsof 需要访问核心内存和各种文件，如图 3-35 所示。其他不多说，先看一下 Device、SIZE/OFF、Node 和 Name 列涉及文件本身的信息，分别表示指定磁盘的名称、文件的大小、索引节点（文件在磁盘上的标识）和该文件的确切名称。

```
[root@sr2 ~]# lsof |more
COMMAND    PID  USER    FD    TYPE   DEVICE  SIZE/OFF    NODE NAME
init         1  root   cwd    DIR     253,0      4096       2 /
init         1  root   rtd    DIR     253,0      4096       2 /
init         1  root   txt    REG     253,0    150352 1441834 /sbin/init
init         1  root   mem    REG     253,0     65928  786461 /lib64/libnss_files-2.12.so
init         1  root   mem    REG     253,0   1926680  786511 /lib64/libc-2.12.so
init         1  root   mem    REG     253,0     93320  786534 /lib64/libgcc_s-4.4.7-20120601.so.1
init         1  root   mem    REG     253,0     47064  786520 /lib64/librt-2.12.so
init         1  root   mem    REG     253,0    145896  786516 /lib64/libpthread-2.12.so
init         1  root   mem    REG     253,0    268232  786522 /lib64/libdbus-1.so.3.4.0
init         1  root   mem    REG     253,0     39896  786581 /lib64/libnih-dbus.so.1.0.0
init         1  root   mem    REG     253,0    101920  786583 /lib64/libnih.so.1.0.0
init         1  root   mem    REG     253,0    156928  786502 /lib64/ld-2.12.so
init         1  root    0u    CHR       1,3               0t0    3872 /dev/null
init         1  root    1u    CHR       1,3               0t0    3872 /dev/null
init         1  root    2u    CHR       1,3               0t0    3872 /dev/null
init         1  root    3r    FIFO      0,8               0t0    9692 pipe
init         1  root    4w    FIFO      0,8               0t0    9692 pipe
init         1  root    5r    DIR      0,10                 0       1 inotify
init         1  root    6r    DIR      0,10                 0       1 inotify
init         1  root    7u    unix  0xffff880873969680    0t0    9693 socket
init         1  root    9u    unix  0xffff880872a69080    0t0   14567 socket
```

图 3-35

这里看一下常用的命令，如图 3-36 所示。这个是来显示监听 80 端口的进程。

```
[root@sr2 ~]# lsof -i :80
COMMAND   PID    USER   FD   TYPE DEVICE SIZE/OFF NODE NAME
httpd    2963    root   4u   IPv6  21899      0t0  TCP *:http (LISTEN)
httpd    2965  apache   4u   IPv6  21899      0t0  TCP *:http (LISTEN)
httpd    2966  apache   4u   IPv6  21899      0t0  TCP *:http (LISTEN)
httpd    2967  apache   4u   IPv6  21899      0t0  TCP *:http (LISTEN)
httpd    2968  apache   4u   IPv6  21899      0t0  TCP *:http (LISTEN)
httpd    2969  apache   4u   IPv6  21899      0t0  TCP *:http (LISTEN)
httpd    2970  apache   4u   IPv6  21899      0t0  TCP *:http (LISTEN)
httpd    2971  apache   4u   IPv6  21899      0t0  TCP *:http (LISTEN)
httpd    2972  apache   4u   IPv6  21899      0t0  TCP *:http (LISTEN)
```

图 3-36

还可以显示活动的连接，如图 3-37 所示。这里显示了这台服务器 4505（Salt）和 26 这台服务器的连接。

```
[root@       salt]# lsof -i @192.168.24.26
COMMAND     PID USER   FD   TYPE DEVICE SIZE/OFF NODE NAME
salt-mast 12032 root  31u   IPv4 2954617      0t0  TCP master    com:4505->192.168.24.26:43232 (ESTABLISHED)
salt-mast 12032 root  32u   IPv4 9352925      0t0  TCP master    com:4505->192.168.24.26:12113 (ESTABLISHED)
```

图 3-37

还有一个我们经常遇到的问题，比如想对某个硬盘分区进行检查等操作，但不清楚哪些应用正在使用它，所以会先检查占用这个分区的用户或者应用程序，然后进行其他的操作，如图 3-38 所示。这里我们想 umoun 掉 /home 目录，但是由于 root 用户对 /home 有操作，所以被拒绝了。我们可以 kill PID 把这个进程处理掉，然后 umount。

更多的配置说明请参考我的博客 http://blog.chinaunix.net/uid-10915175-id-4543326.html。

```
[root@sr2 ~]# umount /home
umount: /home: device is busy.
        (In some cases useful info about processes that use
        the device is found by lsof(8) or fuser(1))
[root@sr2 ~]# lsof /home
COMMAND  PID USER   FD    TYPE DEVICE SIZE/OFF NODE NAME
bash    3076 root   cwd   DIR   253,2     4096    2 /home
```

图 3-38

3.2.8 诊断工具

接下来看一下诊断、调试的工具 strace。

我们在写程序时会调用各种各样的函数库，而这些函数库只是对系统调用的封装，最终都会去调用系统提供的调用，通过这些去访问硬件设备。strace 的作用就是显示出这些调用的关系，让我们知道它到底做了些什么事情。当然，strace 的作用不仅仅如此。因为它不像上面介绍的几个工具，它不但很强大，内容也比较多，可以访问我的博客 http://blog.chinaunix.net/uid-10915175-id-4543212.html，以便对 strace 有更好的了解。

3.3 排错思路

以上介绍的这些工具大多是第三方对系统各种资源的监控及统计，但也不要忘记系统本身的一些工具。下面以系统本身自带的一些工具来谈谈解决问题的思路。

比如说一个网站平时只需几秒就能打开网页，现在可能需要几分钟，甚至需要花费更长的时间才可以打开，这就需要一步步地来查找问题的所在。服务器的配置是 64GB 内存，硬件是 T 级 72KB 的。

首先大致看一下系统的性能情况，可以使用 vmstat 工具，如图 3-39 所示。

从图中可以看出，不完全是因为内存容量不够，而且 si 和 so 的数值是 0 且一直没有变化。虽然目前未使用的内存不多且 swap 也用了一部分，但 swap 一直没变，所以目前初步判断内存小不是造成访问速度慢的主要原因。

```
# vmstat 1 10
procs -----------memory---------- ---swap-- -----io---- -system-- ------cpu-----
 r  b   swpd    free   buff  cache   si   so    bi    bo   in   cs us sy id wa st
 1  1 10579144 169316 124540 2182476   0    0    44   259    2  2 91  5  0
 0  1 10579144 173164 124448 2177616   0    0   464  3612 7799 7653  2  2 91  5  0
 0  1 10579144 171564 124456 2179024   0    0   644  1792 5836 4738  1  0 93  6  0
 0  1 10579144 170416 124468 2181200   0    0   188 10308 7192 7112  2  1 93  6  0
 0  2 10579144 167320 124512 2184648   0    0   432  4868 7492 7417  2  1 92  6  0
 2  2 10579144 172948 124344 2177800   0    0   416  3116 6357 5354  1  0 91  7  0
 1  2 10579144 170128 124372 2180492   0    0   360  8808 6618 6634  2  1 91  7  0
 0  3 10579144 168384 124396 2182884   0    0   564  5796 5333 4386  1  0 92  7  0
 2  1 10579144 167592 124412 2184756   0    0   416  2076 7243 6896  2  1 91  6  0
 0  2 10579144 172348 124220 2179092   0    0   452  5720 5500 4718  1  0 92  7  0
```

图 3-39

CPU 方面的问题不大，只有几个队列（查看 procs r 列），但 CPU 还是有很多空闲（查看 CPU id 列）。

但在 cs 列上可以看到上下文切换得比较频繁，bo 列的数据比较大。

在 CPU wa 列也可以看到一直都有等待的情况。

综合上面的几点观察，可以确定这是一个 IO 的问题。

这里介绍一下主要的几列代表的含义，这些是需要掌握的。

si：表示每秒从磁盘到虚拟内存的大小。如果该值大于 0，表示物理内存不够用或者内存泄露了，要查找消耗内存进程。

so：表示每秒虚拟内存写入磁盘的大小，如果该值大于 0，同 si。

r：表示运行队列，就是说有多少个进程分配到 CPU 上。

cs：表示每秒上下文切换次数。在调用系统函数时就要进行上下文切换。线程的切换，也要进程上下文切换，该值越小越好。

bo：表示块设备写入数据的总量。

下面介绍内存和 CPU 方面的相关知识。

首先讲解什么是上下文切换。在一个 CPU 上，内核需要调度各个处理线程的平衡，每个线程都拥有处理器分配给它的时间。一旦某个线程的时间用完或者被某个更高优先级（例如硬中断）所取代，那么这个线程就被重新放回队列中，更高优先级的线程将占据处理器。这种线程间的切换关系称为上下文切换。

内核每次处理上下文的切换，就会产生资源开销。系统中上下文切换得越频繁，内核在管理调度处理器上就会花费越多的时间。

虚拟内存的作用我就不多说了，这里直接说说虚拟内存分页。虚拟内存被分割成页，也就是内存管理的基本单位。在 X86 的架构下，每个虚拟内存页的大小是 4KB。在内核写内存到磁盘或从磁盘读回到内存的过程中，也是以页来管理的。内核写内存页时，既写到磁盘交换设备中，又写到文件系统中。

我们还要了解一个概念，即内核分页调度。它是一个普通的活动，不要把它和内存与虚拟内存之间的交换混淆了。内存分页调度是进程在正常的时间里同步内存中的数据到磁盘。计算机运行时间长了以后，应用程序所消耗的内存会越来越大，甚至会消耗全部的内存。所以在一些情况下，内核必须扫描内存，然后回收未使用的页，这样才能为其他的程序分配内存。

系统中的 kswapd 守护进程是负责保证系统中有内存空余空间。它监控内核中的 pages_high 和 pages_low 这两个阈值。如果可用内存的大小低于 pages_low，kswapd 进程就开始扫描并尝试一次回收 32 页。它不断重复直到内存大小超过 pages_high 阈值。

kswapd 守护进程完成下列工作来保证系统中有空余的内存空间。

- 如果页未更改，那么把页放到空闲列表里。
- 如果页已更改并被分到文件系统，那么把页的内容写入磁盘。
- 如果页已更改且并没有被文件系统备份（匿名），那么就将页的内容写到 swap 设备里。

dflush 守护进程是负责将文件系统的页同步到磁盘。换句话说，当一个文件在内存中被使用，pdflush 守护进程会把它写回到磁盘。

系统默认当内存中有 10%的脏页时，pdflush 守护进程开始同步脏页到文件系统。这个数值可以通过内核参数 vm.dirty_background_ratio 来调整。

接下来需要查找是哪个应用的 IO 比较高，如图 3-40 所示。

从图 3-40 中可以看到，sda3 分区变化得比较频繁，其他分区几乎没有什么变化。图 3-40 中，向磁盘上写数据约 90M/s（wkB/s 列）；每秒对硬盘有 154 次操作（r/s+w/s 列），其中以写操作为主体；平均每次 IO 请求等待处理的时间为 103.25 毫秒，处理耗时为 6.29 毫秒；等待处理的 IO 请求队列中，平均有 16.61 个请求驻留。

```
[root@                              t -x -k -d 1
Linux 2.6.18-308.el5 (bjlg-4

Device:         rrqm/s    wrqm/s     r/s    w/s     rkB/s    wkB/s avgrq-sz avgqu-sz   await  svctm  %util
sda              27.00    441.08   20.45  84.00    705.31  4137.68    92.73     0.40   10.26   1.07  11.18
sda1              0.04     10.54    0.20   1.12      7.01    46.63    81.46     0.16  123.41  28.32   3.73
sda2              0.30      0.52    0.10   0.01      1.58     2.14    66.58     0.01   58.32  21.59   0.24
sda3             26.67    430.02   20.15  82.87    696.72  4088.91    92.90     0.23    8.77   1.05  10.81

Device:         rrqm/s    wrqm/s     r/s    w/s     rkB/s    wkB/s avgrq-sz avgqu-sz   await  svctm  %util
sda               0.00    654.00   10.00 184.00    112.00 12440.00   129.40     9.78   50.55   5.02  97.40
sda1              0.00      0.00    0.00   0.00      0.00     0.00     0.00     0.00    0.00   0.00   0.00
sda2              0.00      0.00    0.00   0.00      0.00     0.00     0.00     0.00    0.00   0.00   0.00
sda3              0.00    654.00   10.00 184.00    112.00 12440.00   129.40     9.78   50.55   5.02  97.40

Device:         rrqm/s    wrqm/s     r/s    w/s     rkB/s    wkB/s avgrq-sz avgqu-sz   await  svctm  %util
sda               0.00    484.00    4.00 150.00     16.00  9416.00   122.49    16.61  103.25   6.29  96.90
sda1              0.00      0.00    0.00   0.00      0.00     0.00     0.00     0.00    0.00   0.00   0.00
sda2              0.00      0.00    0.00   0.00      0.00     0.00     0.00     0.00    0.00   0.00   0.00
sda3              0.00    484.00    4.00 150.00     16.00  9416.00   122.49    16.61  103.25   6.29  96.90
```

图 3-40

综合以上数据进行分析，可以确定某个程序写请求比较频繁。

接下来使用 top 命令确定是哪个程序写请求比较频繁，如图 3-41 所示。

```
top - 17:54:54 up 74 days,  6:01,  1 user,  load average: 1.05, 1.29, 1.46
Tasks: 242 total,   1 running, 241 sleeping,   0 stopped,   0 zombie
Cpu(s):  0.9%us,  0.2%sy,  0.0%ni, 95.0%id,  3.8%wa,  0.0%hi,  0.1%si,  0.0%st
Mem:  65995412k total, 65826160k used,   169252k free,   131632k buffers
Swap: 16386292k total, 10577736k used,  5808556k free,  2169140k cached

  PID USER      PR  NI  VIRT  RES  SHR S %CPU %MEM    TIME+  COMMAND
21733 mysql     15   0 99.6g  59g 7016 S 15.9 95.2 27398:01 mysqld
 3588 root      10  -5     0    0    0 S  1.0  0.0 144:34.43 kjournald
27024 root      15   0 12888 1212  816 R  1.0  0.0   0:00.07 top
    1 root      15   0 10368  580  548 S  0.0  0.0   0:34.00 init
    2 root      RT  -5     0    0    0 S  0.0  0.0   0:02.04 migration/0
```

图 3-41

从图 3-41 中可以很清晰地看出来，MySQL 占用的资源最多。

既然确定了是 MySQL 的问题，那我们来查看一下问题所在，如图 3-42 所示。

从图 3-42 中可以看到全部都是 MySQL 的连接过程，并没有其他特别的信息，所以目前可以确定 MySQL 的语句没有问题，有可能是 MySQL 的其他问题，比如表结构、缓存设置不合理等。你可以和数据库管理员或业务人员沟通，看看是不是需要加内存了？

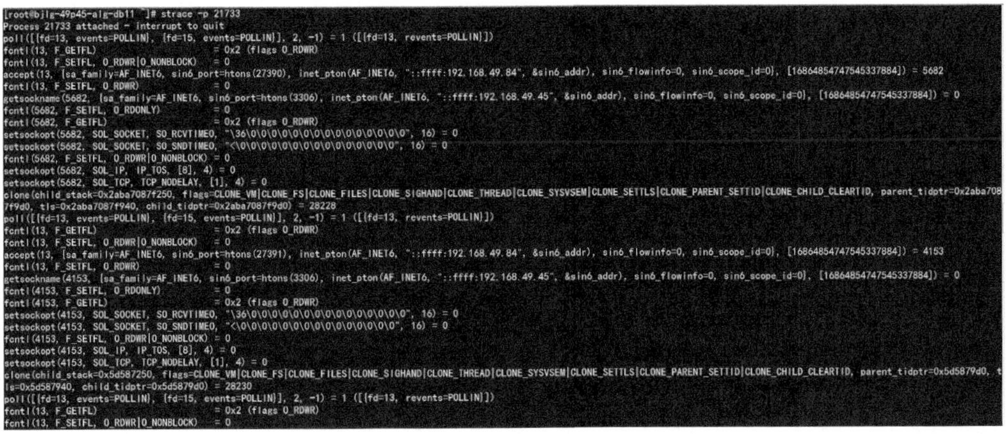

```
[root@bjlg-49p45-alg-db11 ]# strace -p 21733
Process 21733 attached - interrupt to quit
poll([{fd=13, events=POLLIN}, {fd=15, events=POLLIN}], 2, -1) = 1 ([{fd=13, revents=POLLIN}])
fcntl(13, F_GETFL)                        = 0x2 (flags O_RDWR)
fcntl(13, F_SETFL, O_RDWR|O_NONBLOCK)     = 0
accept(13, {sa_family=AF_INET6, sin6_port=htons(27390), inet_pton(AF_INET6, "::ffff:192.168.49.84", &sin6_addr), sin6_flowinfo=0, sin6_scope_id=0}, [16864854747545337884]) = 5682
fcntl(13, F_SETFL, O_RDWR)                = 0
getsockname(5682, {sa_family=AF_INET6, sin6_port=htons(3306), inet_pton(AF_INET6, "::ffff:192.168.49.45", &sin6_addr), sin6_flowinfo=0, sin6_scope_id=0}, [16864854747545337884]) = 0
fcntl(5682, F_SETFL, O_RDONLY)            = 0
fcntl(5682, F_GETFL)                      = 0x2 (flags O_RDWR)
setsockopt(5682, SOL_SOCKET, SO_RCVTIMEO, "\36\0\0\0\0\0\0\0\0\0\0\0\0\0\0\0", 16) = 0
setsockopt(5682, SOL_SOCKET, SO_SNDTIMEO, "<\0\0\0\0\0\0\0\0\0\0\0\0\0\0\0", 16) = 0
fcntl(5682, F_SETFL, O_RDWR|O_NONBLOCK) = 0
setsockopt(5682, SOL_IP, IP_TOS, [8], 4) = 0
setsockopt(5682, SOL_TCP, TCP_NODELAY, [1], 4) = 0
clone(child_stack=0x2aba7087f250, flags=CLONE_VM|CLONE_FS|CLONE_FILES|CLONE_SIGHAND|CLONE_THREAD|CLONE_SYSVSEM|CLONE_SETTLS|CLONE_PARENT_SETTID|CLONE_CHILD_CLEARTID, parent_tidptr=0x2aba708
7f9d0, tls=0x2aba7087f940, child_tidptr=0x2aba7087f9d0) = 28228
poll([{fd=13, events=POLLIN}, {fd=15, events=POLLIN}], 2, -1) = 1 ([{fd=13, revents=POLLIN}])
fcntl(13, F_GETFL)                        = 0x2 (flags O_RDWR)
fcntl(13, F_SETFL, O_RDWR|O_NONBLOCK)     = 0
accept(13, {sa_family=AF_INET6, sin6_port=htons(27391), inet_pton(AF_INET6, "::ffff:192.168.49.84", &sin6_addr), sin6_flowinfo=0, sin6_scope_id=0}, [16864854747545337884]) = 4153
fcntl(13, F_SETFL, O_RDWR)                = 0
getsockname(4153, {sa_family=AF_INET6, sin6_port=htons(3306), inet_pton(AF_INET6, "::ffff:192.168.49.45", &sin6_addr), sin6_flowinfo=0, sin6_scope_id=0}, [16864854747545337884]) = 0
fcntl(4153, F_SETFL, O_RDONLY)            = 0
fcntl(4153, F_GETFL)                      = 0x2 (flags O_RDWR)
setsockopt(4153, SOL_SOCKET, SO_RCVTIMEO, "\36\0\0\0\0\0\0\0\0\0\0\0\0\0\0\0", 16) = 0
setsockopt(4153, SOL_SOCKET, SO_SNDTIMEO, "<\0\0\0\0\0\0\0\0\0\0\0\0\0\0\0", 16) = 0
fcntl(4153, F_SETFL, O_RDWR|O_NONBLOCK) = 0
setsockopt(4153, SOL_IP, IP_TOS, [8], 4) = 0
setsockopt(4153, SOL_TCP, TCP_NODELAY, [1], 4) = 0
clone(child_stack=0x5d587250, flags=CLONE_VM|CLONE_FS|CLONE_FILES|CLONE_SIGHAND|CLONE_THREAD|CLONE_SYSVSEM|CLONE_SETTLS|CLONE_PARENT_SETTID|CLONE_CHILD_CLEARTID, parent_tidptr=0x5d5879d0, t
ls=0x5d587940, child_tidptr=0x5d5879d0) = 28230
poll([{fd=13, events=POLLIN}, {fd=15, events=POLLIN}], 2, -1) = 1 ([{fd=13, revents=POLLIN}])
fcntl(13, F_GETFL)                        = 0x2 (flags O_RDWR)
fcntl(13, F_SETFL, O_RDWR|O_NONBLOCK)     = 0
```

图 3-42

3.4 小结

小鑫看完刘老师的邮件，真想立刻去实践一下。虽然说以前也在使用 CRT，但要不是刘老师介绍使用 rz 和 sz 来传文件，还不知道 CRT 有这么多功能呢。另外刘老师推荐的几个工具也相当不错，查询资料很方便，不必再使用 iostat、vmstat 命令一个个地执行了。

批量管理主机的工具使用起来应该不难，就是担心有些不合适的地方修改起来不方便，看样子小鑫需要赶紧学习 Python 了。

第 4 章
企业互联网根基之网络认证系统

"小鑫,咱们现在的服务器比较多,而且安全措施也不到位。你结合我们现在的生产环境中,不要让除运维以外的人使用 root 账号了。你负责搞一套认证系统吧,要开源的。"

"好的。"小鑫答应了一声。

4.1 常见的认证系统

小鑫记得曾经在刘老师的博客上看到过相关 NIS 配置管理的视频课件,只是 NIS 的安全性较差。它不仅密码是明文传输的,而且缺少对客户端的认证机制和消息完整性的校验机制,从而会导致泄露用户认证的信息。

据说使用 LDAP 构建的集中身份验证系统,可以降低管理成本、增强安全性、避免数据复制,还可以提高数据的一致性。小鑫很有兴趣地查找了 LDAP 的相关资料。不过小鑫感觉采用 LDAP 配置成认证服务器的话会相当麻烦,而且网上有些文章反馈 LDAP 在权限的配置方面还存在不少问题。小鑫因为没有配置过"开源"的认证系统,所以还是向刘老师发了一封邮件请求援助。

刘老师:

您好!

十分感谢您上次给我介绍了实用的工具,我正在使用并熟悉它们。

想向您请教一下,现在我们公司不允许开发人员使用 root 账号登录服务器,但他们可能要登录很多服务器，而且是不同的服务器（不是每个人都可以登录全部的服务器），所以需要一套认证系统，最好是可以指定哪些用户可以登录哪几台服务器。我看了您的博客上介绍的 NIS，但感觉不太适合我们公司。麻烦您再指点我一下，谢谢。

4.2 地狱之门守护者——Kerberos

4.2.1 Kerberos 工作原理

当天晚上小鑫收到了刘老师回复的邮件。

小鑫：

你好！

我十分欣慰上次和你说的工具是对你有所帮助。那些工具是常用且比较全面的，希望你好好学习，充分发挥那些工具的作用。

你在我的博客上看到的 NIS 内容是我以前上课时的课件，现在单独使用 NIS 的已经不多了。虽然说它可以用来统一来管理一些信息，也就是说不用在每台机器上分别设置 hosts 和 passwd 文件，只在 NIS Server 端统一设置即可。但由于它是明文发送认证信息的，所以这种机制的安全性很成问题，从而导致人们很少单独使用它。除了 NIS，其实 LDAP 也不错，它查询速度快，特别是在大数据量的情况下。不过 LDAP 配置挺麻烦的，估计你做起来会吃力，而且如果你不熟悉使用 LDAP 的话，后续的问题解决起来也会很难。所以，我向你推荐 Kerberos 5。

Kerberos 主要用于网络的身份认证，它的特点是用户只需要输入一次身份验证信息就可以访问多台服务器。由于是在每个 Client 和 Service 之间建立了共享密钥，所以它具有相当高的安全性。Kerberos 的验证过程，如图 4-1 所示。

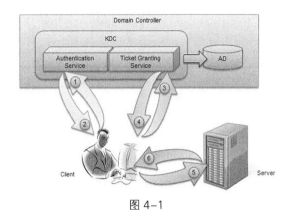

图 4-1

（1）Client 会向 KDC（Key Distribution Center）的 KAS（Kerberos Authentication Service）确认当前用户是真的 Client。Client 发送用户名和加密的密码。KAS 会根据用户名从 AD（Authentication Database）查找出 Client 的密码并生成密钥，将发来的信息解密。对比解密后生成的信息与已知的信息，信息相符则成功。

（2）当验证完身份后 KAS 会反馈给 Client 用 KDC 的密钥加密过的 TGT（Ticket Granting Ticket）和用 Client 的密码加密过的 Logon Session Key。Client 收到后会放到本地的缓存中，这样如果需要同其他的 Server 通信，就不需要再次验证，可以直接使用在本地的 TGT 向 TGS（Ticket Granting Serice）申请其他的 Ticket。这里要提醒一下，TGT 是用 KDC 的密钥加密的，所以 Client 收到后无法解开。

（3）Client 向 TGS 请求 Ticket，这个请求包括 UserName、Logon Session Key 加密的密码、TGT 和 Server Name。TGS 收到请求后，用 KDC 的密钥解密 TGT，并用解密出来的 Logon Session Key（TGT 中的）解密 Authenticator 验证身份。

（4）在确认身份后，根据 UserName 和 ServerName 生成一个 Service Session Key 和 Ticket，并用 Logon Session Key 加密 Service Session Key，用 Server 的密码加密 Ticket，然后反馈给 Client。

（5）当 Client 收到反馈信息后，用本地缓存中的 Logon Session Key 解密出 Service Session Key，然后用 Service Session Key 加密 Authenticator，将 Authenticator 和 Ticket 发送给 Server 做验证，同时它们也会被放入本地缓存之中。这里还要提醒你，Ticket 是用 Server 的密码加密的，所以 Client 看不见里面的内容。

（6）Server 端收到请求后，用密码解密 Ticket，用解密后生成的 Service Session Key

解密 Authenticator，用 Authenticator 解密出来的信息与 Ticket 中的信息对比验证。为了防止是钓鱼服务，所以需要双向验证（Mutual Authentication），Server 需要将 Authenticator 再次用 Ticket 中的 Service Session Key 加密，然后返还给 Client。

（7）Client 收到 Authenticator 后，用缓存中的 Service Session Key 解密，验证 Authenticator。

4.2.2 Kerberos 组件

在安装配置 Kerberos 之前，先来看看它的各个组件。

（1）Kerberos 应用程序库：应用程序的接口，包括创建和读取认证请求以及创建 safe message 和 private message 的子程序。

（2）加密/解密库：DES 等。

（3）Kerberos 数据库：用于记录每个 Kerberos 用户的名字、私有密钥等信息。

（4）数据库管理程序：管理 Kerberos 数据库。

（5）KDBM（数据库管理）服务器：接受客户端对数据库进行操作的请求。

（6）认证（AS）服务器：存放一个 Kerberos 数据库的只读副本，用来完成 principle 的认证并生成会话密钥。

（7）数据库复制程序：管理数据库从 KDBM 服务所在的机器到认证服务器所在的机器的复制工作。为了保持数据库的一致性，每隔一段时间就需要进行复制工作。

（8）用户程序：负责登录 Kerberos、改变 Kerberos 密码和显示 Kerberos 标签（ticket）等工作。

4.2.3 Kerberos 安装配置

下面介绍 Kerberos 的安装配置。首先网络中要有 DNS 环境且正反向解析都已经做好了（如果没有 DNS 可以改写 hosts 文件）。然后修改文件/etc/resolv.conf 如下。

```
domain abc.com
search abc.com
```

```
namserver DNS-IP
```

接着就是安装 Kerberos 的程序了。它的安装还是比较简单的，直接用 Yum 安装即可。

kerberos 服务端安装：yum install krb5-server。

kerberos 客户端安装：yum install krb5-workstation。

安装好之后对 /var/kerberos/krb5kdc/kdc.conf 文件进行编辑。它是 kdc 的主配置文件，内容如图 4-2 所示。

```
[kdcdefaults]
 v4_mode = nopreauth
 kdc_tcp_ports = 8888

[realms]
   ABC.COM = {
 #master_key_type = des3-hmac-sha1
 acl_file = /var/kerberos/krb5kdc/kadm5.acl
 dict_file = /usr/share/dict/words
 admin_keytab = /var/kerberos/krb5kdc/kadm5.keytab
 supported_enctypes = aes256-cts:normal aes128-cts:normal des3-hmac-sha1:normal
arcfour-hmac:normal des-hmac-sha1:normal des-cbc-md5:normal des-cbc-crc:normal
des-cbc-crc:v4 des-cbc-crc:afs3
 }
```

图 4-2

简单介绍一下 kdc.conf 配置文件。它包括两个部分：kdcdefaults 与 realms。

- kdcdefaults 是全局配置。

- kdc_ports：配置使用 udp 端口。

- kdc_tcp_ports：配置使用 tcp 端口，默认为 88。

- v4_mode：是否对 v4 支持。

- realms：针对不同域做设置。

- master_key_type = des3-hmac-sha1：指定区域的加密算法。

- acl_file：访问控制列表文件位置。

- dict_file：字典文件位置。

- supported_enctypes：支持加密的类型。

其中，/var/kerberos/krb5kdc/kadm5.acl 文件的内容是 */admin@ABC.COM   *，意思是

管理账号 admin 在实例 ABC.COM 上具有全部的权限。当然这里的权限（最后一个*）有很多，以目前你公司的情况直接使用我给出的语句就可以了。

/etc/krb5.conf 是 kerberos 的主要配置文件，内容如下。

```
[logging]
 default = FILE:/var/log/krb5libs.log
 kdc = FILE:/var/log/krb5kdc.log
 admin_server = FILE:/var/log/kadmind.log

[libdefaults]
 default_realm = ABC.COM
 dns_lookup_realm = false
 default_tgs_enctypes = des3-hmac-sha1 des-cbc-crc des-cbc-md5
 default_tkt_enctypes = des3-hmac-sha1 des-cbc-crc des-cbc-md5
 permitted_enctypes = des3-hmac-sha1 des-cbc-crc des-cbc-md5
 dns_lookup_kdc = false
 ticket_lifetime = 24h
 forwardable = yes

[realms]
 ABC.COM = {
  kdc = 192.168.1.1:8888
  admin_server = 192.168.1.1:749
  default_domain = ABC.COM
 }

[domain_realm]
 .abc.com = ABC.COM
 abc.com = ABC.COM

[appdefaults]
 pam = {
   debug = false
   ticket_lifetime = 36000
```

```
    renew_lifetime = 36000
    forwardable = true
    krb4_convert = false
}
```

上述配置文件内容不多且相对来说比较好理解,简要介绍如下。

- **default_realm = ABC.COM**:用来定义 kerberos 的区域名,用户可随意指定,但一般情况下和 DNS 域名相同。

- **dns_lookup_realm = false**:是否支持 DNS 解析,如果不需要 DNS 解析的话,可以在/etc/hosts 文件里指定整个域中的服务器主机名和 IP 对应关系。

- **ticket_lifetime = 24h**:kerberos 认证票据的有限期。

- **ABC.COM = {**:定义一个区域的全局参数。

- **kdc = 192.168.1.1:8888**:KDC 服务器地址。该地址最好用 IP 地址,这样是为了避免 DNS 解析失败带来的 kerberos 认证失败。

- **admin_server = 192.168.1.1:749**:指定 KDC 管理服务器,它一般与服务器相同。

- **default_domain = ABC.COM**:指定这个区域所使用的 DNS 域名,在 dns_lookup_realm=yes 时生效,可无此项。

- **abc.com = ABC.COM**:区域的访问控制,允许 ABC.COM 域网段内所有主机使用此 kerberos 认证。

接下来我们需要做的是创建 kerberos 的本地数据库。输入命令 kdb5_util create -r ABC.COM -s(-s 表示一个缓存文件,本地在管理 KDC 时将不再需要输入密码),运行过程中会要求输入密码,将在/var/kerberos/krb5kdc 中创建一些文件,如图 4-3 所示。

```
[root            ]# ll /var/kerberos/krb5kdc
total 216
-rw-r--r-- 1 root root     21 Aug  6  2013 kadm5.acl
-rw-r--r-- 1 root root    447 Aug 11  2013 kdc.conf
-rw------- 1 root root 200704 Apr 18 15:31 principal
-rw------- 1 root root   8192 Aug  8  2013 principal.kadm5
-rw------- 1 root root      0 Aug  8  2013 principal.kadm5.lock
-rw------- 1 root root      0 Apr 18 15:31 principal.ok
```

图 4-3

生成数据库之后，我们就可以添加需要访问服务器的账户了。

Kerberos 是采用 principal 来表示 realm 域下的某一个账户，格式为 primary/instance@realm，在本生产环境中的实例是"用户名@ABC.COM"，主机的实例是"host/主机名@ABC.COM"。

首先要在数据库中加入管理员账户。

执行命令/usr/kerberos/sbin/kadmin.local，如果不是很熟悉它的命令参数，可以输入"？"来查看，如图 4-4 所示。

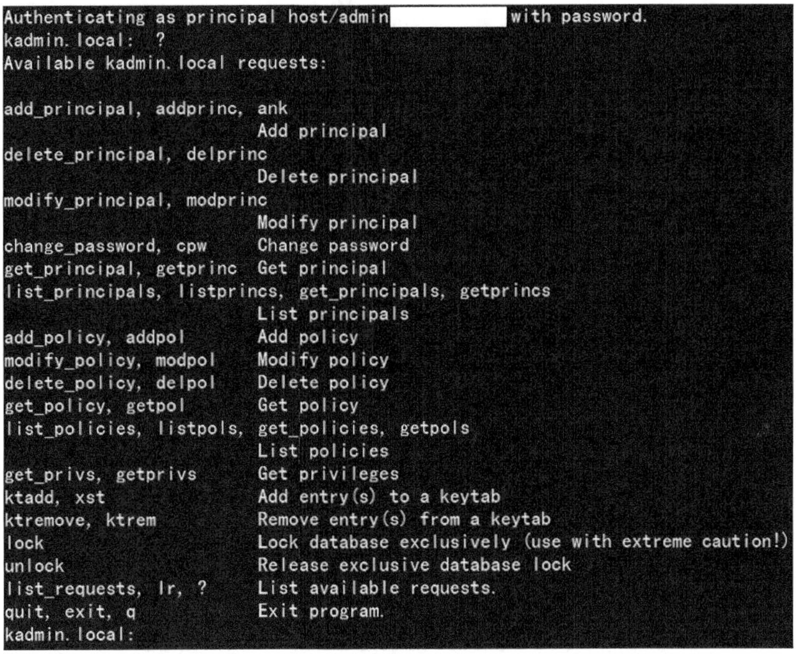

图 4-4

```
kadmin.local: addprinc admin/admin@ABC.COM
```

然后在数据库中添加需要的用户账号，运行过程中需要输入用户的密码。

```
kadmin.local: addprinc username/@ABC.COM
WARNING: no policy specified for username/@ABC.COM; defaulting to no policy
Enter password for principal "username/@ABC.COM":
```

```
Re-enter password for principal "username/@ABC.COM":
Principal "username/@ABC.COM" created.
```

当我们添加主机的时候，就不再需要密码了。

```
kadmin.local: addprinc -randkey host/a1.abc.com@ABC.COM
WARNING: no policy specified for host/a1.abc.com@ABC.COM; defaulting to no
policy
Principal "host/a1.abc.com@ABC.COM" created.
```

这样就可以根据你公司的情况添加用户及主机。每个服务器都与 KDC 共享它的私有密匙，并且这个密匙存储在服务器的 keytab 文件夹中。所以可以使用命令 principal 导出，如 ktadd -k /tmp/host_a1.abc.com.keytab host/a1.abc.com@ABC.COM。principal 命令会在/tmp 目录下创建一个 host_a1.abc.com.keytab 的文件，然后将该文件复制至 a1 服务器的/etc/目录下（和 krb5.conf 文件在同一目录下且 krb5.conf 的权限是 644。krb5.conf 文件可以从 Kerberos 服务端复制过来），并重命名为 krb5.keytab。最后在 a1 服务器上以 root 身份执行 kinit–k。

正常情况下不会有任何返回内容，然后执行 klist 命令就会得到类似图 4-5 的输出，这就表示已经成功。

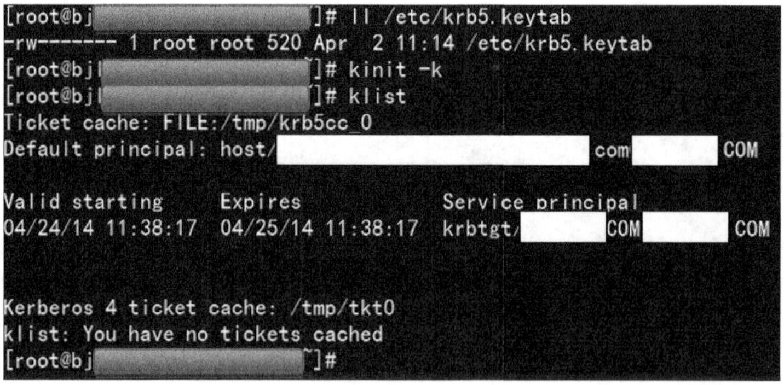

图 4-5

这只是对一台服务器进行配置的流程，实际情况肯定是多台服务器，所以将导出的 keytab 文件放到一个固定的目录下，这样方便管理。以后每新增加一台服务器，再执行一遍即可。如果是添加用户的话，则不需要导出 keytab 文件了。用户登录 Kerberos 环境的情况如图 4-6 所示。

还需要强调一下，要保证服务器的时间一致。

图 4-6

因为 Kerberos 只是一个认证系统,并不是一个用户的统一管理系统,所以如果添加用户的话,不仅要在 Kerberos 的数据库里添加,还需要在相应的服务器上添加。如果是一个组使用一个账号,可以创建一个账号用于这个组,然后把用户账号添加到组账号的.k5login 配置文件里,每个账户使用一行。如图 4-7 所示,组内的 3 个人可以使用 hadoop 账号登录服务器且不再需要密码。

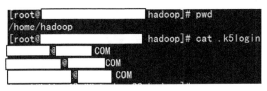

图 4-7

以上是我用过的认证系统,它并不像 NIS 这种统一管理用户信息的系统。根据你的需求,我觉得 Kerberos 应该比较适合你公司现在的应用。当你那边有什么变动需要 NIS 统一管理用户信息时,可以使用 NIS+Kerberos 或者直接使用 LDAP,这两种方案都是不错的选择。

另外,还要注意备份的问题。以上介绍的都是单机的配置,Kerberos 也有主从的配置关系。因其配置十分简单,这里就不再详细介绍了。

小鑫看完刘老师的邮件后不仅对目前公司的情况有一个很好的解决方案,而且将来公司的服务器及人员到达一定规模后,这也是一个不错的选择。现在,对于认证这方面小鑫根据公司的情况已经可以很好地解决了。但是对于跳板机的权限问题还没有一个妥善的处理方案,很多开发人员虽说没有 root 密码,但并不代表不能做其他的事。在这方面,还没有一个很好的解决方案。

刘老师:

您好!

非常感谢您给我介绍 Kerberos。最初除了 NIS 我也想过使用 LDAP,但感觉不是很合适我目前的环境。现在有了您的推荐，我就可以开始往下执行了。

目前还有一个问题，开发人员可以以普通用户的身份登录了，但可能是系统软件或者系统内核的原因会出现一些可以提权的漏洞。所以，我想问一下有没有什么方法不让这些用户破坏当前的系统。另外就是有没有可以记录这些用户操作的方法，如果能有回放的功能就更好了。

4.3 Chroot 环境

4.3.1 Chroot 环境简介

小鑫：

　　你好！

　　根据你说的要求让开发人员能登录却不破坏当前的系统，除了硬件的堡垒机以外，你还可以搭建一个 Chroot 环境。Chroot 就是 Change Root，也就是改变程序执行时所设定的根目录位置。如果你安装过 Gentoo 系统或者使用过 live CD 来修复系统的话，也许会对 Chroot 有所认识。Chroot 是在*nix 系统上的一个操作，是用于改变当前所执行的程序和它的子进程的根目录位置。一个被改变根目录（也就是 Chroot 环境里）的程序不可以访问在被改变根目录外的文件。

　　根据你提出的需求，Chroot 环境还是比较适合你的。因为在经过 Chroot 之后，系统读取到的目录和文件将不再是原系统根下的，而是新根下（也就是 Chroot 后的位置）的目录结构和文件，所以从一定程度上来说，它增加了系统的安全性，并且限制了用户的权限。

　　当然，Chroot 的作用并不仅仅如此。使用 Chroot 后，系统读取的是新根下的目录和文件，这是一个与原系统根下文件不相关的目录结构。在这个新的环境中，可以用来测试软件的静态编译以及一些与系统不相关的独立开发。

　　还有就像我刚才说的，引导系统启动以及急救系统。Chroot 的作用就是切换系统的根位置，而这个作用最为明显的是在系统初始引导磁盘的处理过程中使用，从初始 RAM 磁盘（initrd）切换系统的根位置并执行真正的 init。另外，当系统出现一些问题时，也可以使用 Chroot 切换到一个临时的系统。

接下来我们简单介绍一下 Chroot 的安装配置。

4.3.2　Chroot 环境的配置

Centos 5.8 的系统如图 4-8 所示，因为默认情况下使用的 SSH 版本不符合 Chroot 环境的需要，所以需要重新安装新版本的 openssh。

图 4-8

升级到新版本的 Openssh 的操作过程不多说了。具体有两种使用方式，一是可以使用新版本的 Openssh 替换系统默认的文件；另外一种是把新版本的 Openssh 放到单独的目录下编译安装，然后更改启动脚本里的 Openssh 路径，ssh_config 和 sshd_config 和原来的一样即可。

这里之所以要把 Openssh 升级到高版本（如图 4-9 所示），是因为要实现 Chroot 功能需要配置 ChrootDirectory 参数。它定义了用户通过认证以后的 Chroot 目录，此目录及其所有子目录的属主必须都是 root，并且这些目录只有 root 账号才可以进行写操作，其他任何组和账号都不可以进行写操作。

执行 Chroot 以后，sshd 会将用户的工作目录转到 Chroot 目录下用户自己的主目录中。如果 ChrootDirectory 定义的目录下没有相应的 /home/username 目录，则会直接转到 Chroot 的 / 目录下。

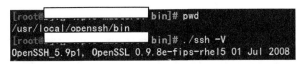

图 4-9

安装新版本的 OpenSSH 后，需要更改 sshd_config 文件，添加如图 4-10 所示的内容。Match Group nroot ChrootDirectory/vm/chroot 的意思是匹配 nroot 组用户的根目录为

/vm/chroot，当然这组用户登录后只会显示/，而不会显示/vm/chroot 为根目录。因为建立该环境不是为了一个用户，而是为了多个用户，所以这里是以组为单位，而不是 Match User。这样多个用户就可以以 nroot 这个组的身份登录了。

图 4-10

当然目前的/vm/chroot 目录下并没有什么其他的文件，所以需要从系统复制到 Chroot 环境中。大概这里会用到这么几个文件夹，如图 4-11 所示。当然并不是把这些文件夹的文件都复制过来，如图 4-12 和图 4-13 所示。因为文件夹比较多我就不一一列举了，直接打包发给你吧。

图 4-11

图 4-12

图 4-13

也许我这里描述的情况并不适合你公司的环境，所以再和你说一下怎么判断需要复制的库文件。一般用户登录都使用/bin/bash，所以我以这个为例进行介绍。如图 4-14 所示，可以看到/bin/bash 需要依赖的几个文件，你通过 locate 找到它们并复制到 Chroot 相对应的文件夹内即可。

最主要的是/etc/passwd 和/etc/group 这两个文件，当你把用户和组都添加完后需要把这两个文件复制到 Chroot 环境中相应的位置。如果 Chroot 环境中没有这两个文件就会发生报错。

图 4-14

4.4 记录终端会话

刚才介绍的 Chroot 环境虽然说可以在一定程序上保证了系统的安全性，但并不能保证误删等操作。一旦发生误操作，就需要确定是哪些操作所造成的，从而进行追踪分析。这些功能在硬件堡垒机中都是可以实现的，当然硬件的价格也不便宜。下面我简单介绍一下系统自带的环境。

有一种是把执行过的命令记录到一个文件，是对 history 的扩展，不过这只是记录一些操作的命令，并不会记录操作的过程，比如 vi、cat 等，如图 4-15 所示。在输入 history 后会显示在什么时间执行了什么命令，但并不会显示编辑的内容过程。

```
6147              ntpq -p
6148              ntpq -p
6149              ntpq -p
6150              ntpq -p
6151              ntpq -p
6152              ntpq -p
6153              ntpq -p
6154              ntpq -p
6155              ntpq -p
6156              ntpq -p
6157              ntpq -p
6158              ls
6159              cd ..
6160              ls
6161              vim /var/log/messages
6162              netstat -tulnp
6163              service ntpd restart ;tail -f /var/log/messages
6164              tcpdump port 123
6165              service ntpd restart
6166              date
6167              ntpstat
6168              ntpq -p
6169              service ntpd stop
6170              yum remove ntp
6171              rpm -e ntp
6172              yum remove ntp
6173              yum -y install ntp
```

图 4-15

还有一种我想介绍的功能，就是回放历史功能。用户可以在/etc/profile 文件里加上如图 4-16 所示的内容。这里需要注意，因为后面要使用 scriptreplay 回放需要与时间结合，所以需要使用-t 参数记录时间。时间及操作这两个文件放置的位置可以自己定义。

```
if [ $UID -ge 500 ]; then
        exec /usr/bin/script -t 2>/var/log/$USER-$UID-`date +%Y%m%d%H%M`.date  -a -f -q /var/log/$USER-$UIDO-`date +%Y%m%d%H%M`.log
fi
```

图 4-16

登录并进行一系列操作以后，在定义的目录下会产生时间文件及日志文件，如图 4-17 所示。

```
xin.liu--[redacted].log    xin.liu-[redacted].date
xin.liu--[redacted].log    xin.liu-[redacted].date
xin.liu--[redacted].log    xin.liu-[redacted].date
xin.liu--[redacted].log    xin.liu-[redacted].date
```

图 4-17

这里用到的 scriptreplay 命令默认情况下是不会安装的，我直接放在邮件的附件里，你可以直接使用。这里要注意的是“时间文件”和“日志文件”的顺序，不要颠倒了，如图 4-18 所示。你可以看到在执行完 scriptreplay 命令后，就会播放我以前登录后所执行的命令。这里要强调的是时间文件和日志文件必须对应。

```
[root@[redacted] # ./scriptreplay xin.liu[redacted]1439.date xin.liu--[redacted]1439.log
[xin.liu@bjlq-49p15-master01 ~]$ sudo su - root
[root@[redacted] # cd /opt/chroot/dev/
[root@[redacted] # ls
null  ptmx  pts  random  tty  typescript  urandom  zero
[root@[redacted] #
[root@[redacted]
```

图 4-18

这也算是一种开源的回放，不过建议你向领导提一下开发运维平台方面的需求，这些命令的审计应该是运维平台的一个模块。这里我提供给你的内容可能无法满足你公司的需求。

4.5 FAQ

使用 Kerberos 的时候，可能会遇到以下常见的问题，这里给出一些解答和提示，希望能帮助你快速解决问题。

Q: kinit（v5）: Cannot resolve network address for KDC in realm while getting initial credentials

A：一般发生这样的原因是/etc/krb5.conf 文件缺失或者配置错误。

Q: kinit（v5）: Cannot find KDC for requested realmwhile getting initial credentials

A：出现这种情况是因为/etc/hosts 文件里的解析配置错误。如果此文件被修改过，一定要将需要解析的域名放在第一位，不然就会报错。

Q: kinit（v5）: Hostname cannot be canonicalized when creating default server principal name

A：这个问题简单地说是 DNS 配置错误。Kerberos 5 里的主机名与 key 中的不同，原因是 DNS 的反向解析写错了。这里要注意的是，当为主机添加 principal 的时候，一定不要使用大写字母。因为 DNS 在做反向解析的时候返回的字母是小写，而 Kerberos 又对大小写是敏感的，所以会导致主机名不同，从而造成 Server not found in Kerberos database 这样的错误。

这 3 个问题是我在使用过程中经常遇到的，也许你还会遇到其他的问题，可以登录我的博客，日志中有对出现时间不同步、加密类型不对称、身份验证错误等问题的解决方案。

4.6 小结

通过刘老师的介绍，小鑫不仅对常见的认证系统有了一个初步的了解，而且还熟练掌握了 Kerberos 的使用与配置。目前公司虽说没有硬件的堡垒机和运维平台，但使用 Chroot 环境还是可以满足当前的需求的。

第 5 章 企业互联网自动化之 Puppet

"小鑫,最近公司的业务发展比较快,服务器数量也比较多。你想想办法看看能否有些操作实现自动化?不然需要花费太多的精力去做重复的事,还容易出错。"

"好的,领导,我去办。"小鑫回了主管一句就开始做事了。

5.1 经典之作——Puppet

小鑫记得当初请教刘老师时,刘老师在信中提到过他在做 Puppet 和 Salt 这类自动化的工具,所以小鑫直接给刘老师发了封邮件。

5.1.1 Puppet 简介

刘老师:

您好!

先感谢您上次和我说的那些方案,对我们公司目前的环境很有帮助。

现在我公司的服务器数量也多了,服务器初始化及程序部署也希望统一去执行,可能还有一些其他的需求,麻烦您和我说一下 Puppet 和 Salt 中一些快速上手的例子吧,大致的原理我已经自学过了。

晚上小鑫收到了刘老师的邮件。

小鑫：

你好！

上次和你说的方案和方法适用就好，不过还是建议你们公司能开发属于自己的平台。另外如果你想统一部署系统配置及应用的话最好有一个规范，比如应用程序必须放在一个固定的位置、统一格式的主机名等。相信公司已经有一些规范了。

我先简单介绍一下 Puppet，稍后会向你详细介绍 Salt。目前，我主要使用 Salt。

Puppet 是可以在 Linux 等常用平台上集中配置管理的一种程序，可管理配置文件、用户、cron 任务、软件包、系统服务等，而且采用的是 C/S 结构。

5.1.2 Puppet 工作原理

下面先来看看 Puppet 的工作原理。

首先，客户端 Puppetd 调用 Facter，它会探测出服务器的一些变量，如主机名、内存大小、IP 地址等（它的作用就是搜集当前安装系统的环境变量信息的），如图 5-1 所示。然后 PuppetPuppetd 把这些信息发送到服务器端。Facter 和 Puppet 有很紧密的联系，除了可以使用 Facter 来查看一些信息，还可以根据用户的需要进行自定义。比如 Puppet 用户的登录数等。

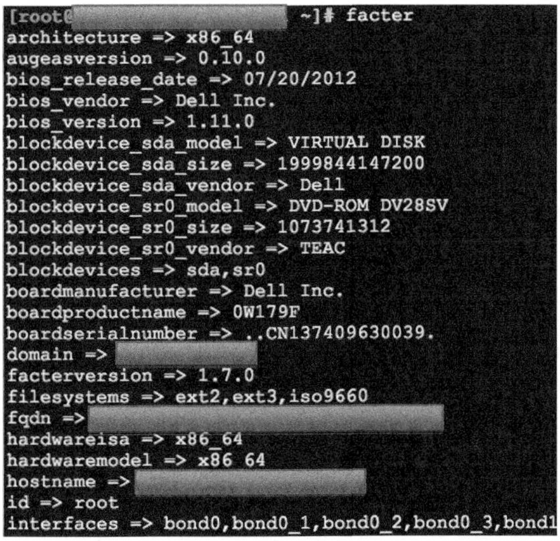

图 5-1

服务器端的 Puppetmaster 检测到客户端的主机名，匹配对应的 node 配置，然后对这段内容进行解析。Facter 送过来的信息可以作为变量进行处理，node 所牵涉的代码才解析，其他的代码不解析。

解析分为以下几个过程：

（1）语法检查、生成一个中间的伪代码，然后把伪代码发给客户端。

（2）在客户端接收到伪代码之后就会执行，客户端再把执行结果发送给服务器。

（3）服务器再把客户端的执行结果写入日志。

这里要说明一下，Puppet 后台运行的时候默认是 30 分钟执行一次，虽然说可以通过修改客户端的配置文件来修改执行时间，但还是建议使用 crontab 来调用。这样可以精确控制每台或者每组客户端的执行时间，分散执行时间也可以减轻服务器端的压力。

5.2 Puppet 实例详解

5.2.1 Puppet 实例详解（一）：vim

Puppet 的安装非常简单，你可以先安装好 epel 源，或者直接安装 Puppet 官方提供的源也行。安装源后就可以直接用 Yum 来安装 Puppet 了。在服务器端可以使用 yum install Puppet-server-2.7.19-1.el5 来安装（这里我指定了版本，因为如果不指定的话，会默认安装最新的版本。当时系统使用的是 CentOS 5.8）。

在客户端安装也是同样的操作，不过使用的命令是 yum install Puppet-2.7.19-1.el5。这样 Puppet 就安装好了。当然这仅仅是安装，并不能根据我们的需要来使用。

一些简单的配置我在这里就不啰嗦了，你可以直接登录我的博客 http://blog.chinaunix.net/uid-10915175-id-3697173.html 查看相关内容。下面先和你说一个比较简单的实例。

在/etc/puppet/modules/vim（如果没有，可自行创建）下创建如图 5-2 所示的文件夹，files 文件夹主要存放要往下分发的文件（vimrc 是 vim 自定义 vim 的配置文件，另一个是我常用的 vim 插件），manifests 是 vim 模块的主配置文件。templates 目录包含 erb 模型文件，这和 file 资源的 template 属性有关，目前 vim 模块中不需要。

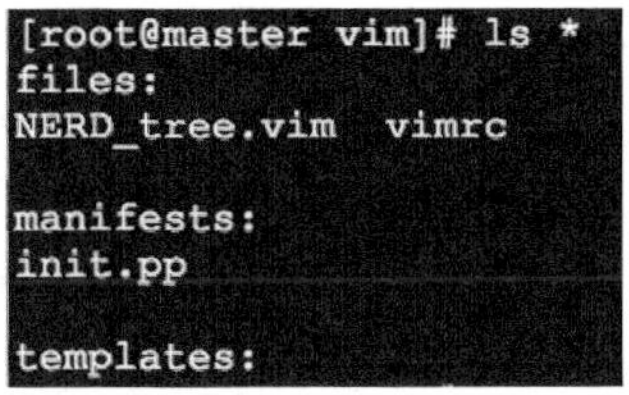

```
[root@master vim]# ls *
files:
NERD_tree.vim  vimrc

manifests:
init.pp

templates:
```

图 5-2

现在看一下 vim 模块的文件 init.pp，如图 5-3 所示（manifests 文件夹里必须有一个 init.pp 的文件，这是该模块的初始文件。导入一个模块的时候，会从 init.pp 开始执行。用户既可以把所有的代码都写到 init.pp 文件中，也可以分成多个 pp 文件，init 再去包含其他文件。）

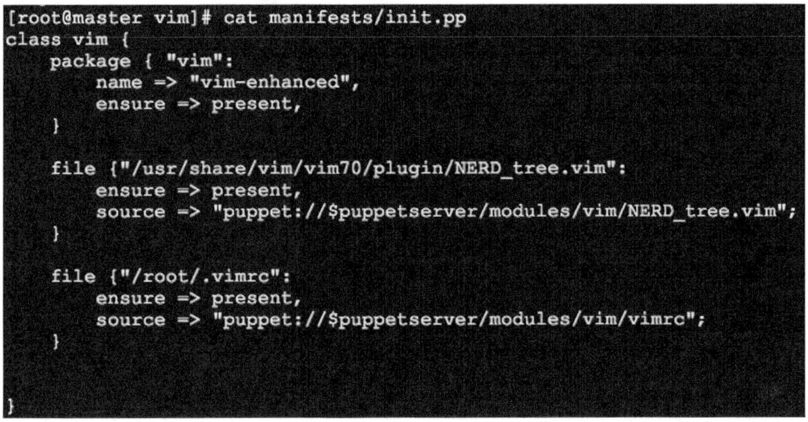

```
[root@master vim]# cat manifests/init.pp
class vim {
    package { "vim":
        name => "vim-enhanced",
        ensure => present,
    }

    file {"/usr/share/vim/vim70/plugin/NERD_tree.vim":
        ensure => present,
        source => "puppet://$puppetserver/modules/vim/NERD_tree.vim";
    }

    file {"/root/.vimrc":
        ensure => present,
        source => "puppet://$puppetserver/modules/vim/vimrc";
    }
}
```

图 5-3

首先是 class（类）关键字，名称为 vim。类的作用是把一组资源收集在一起使用。这里的资源包括一个包类型和两个 file 类型。

Package 表示包类型，大括号里的 vim 是 title，它的作用是让 Puppet 能唯一标识这个资源。

name 指定了要对哪个文件进行操作，这里是指要安装哪个包。默认情况下，name 等于 title，所以在很多时候 name 是可以省略的，如下面两个 file 类型的资源就没有 name。

ensure => present 表示这个资源一定要存在，如果不存在则新建。

这里还要注意，ensure 除了 present 以外还有其他几个参数值，包括常用的 absent 和 directory。absent 用来检查文件是否存在，如果存在则删除。directory 用来指定目标是一个目录，如果不存在则创建。

下面两个是 file 类型的资源，第一行表示这个资源需要放在什么位置，第二行表示这个资源一定要存在，第三行表示这个资源在服务器端的位置。配置好后，在客户端执行 puppet agent -t --server master（这里假设已经可以正常解析 master 主机）后相应的节点即可同步，节点的配置稍后会介绍。

5.2.2 Puppet 实例详解（二）：nginx

下面介绍另一个模块 Nginx，如图 5-4 所示。在 files 里的文件就不多说了，主要看看它的安装包、配置文件和启动文件。

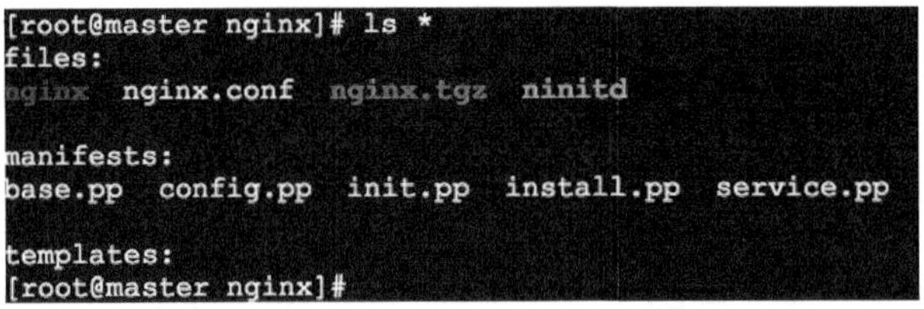

```
[root@master nginx]# ls *
files:
nginx  nginx.conf  nginx.tgz  ninitd
manifests:
base.pp  config.pp  init.pp  install.pp  service.pp
templates:
[root@master nginx]#
```

图 5-4

manifests 中包含 Nginx 模块的各个配置文件，先来看一下 base.pp 文件的内容，如图 5-5 所示。base.pp 文件中绝大多数的内容与刚才介绍的 init.pp 文件格式大体一样，主要看一下 require。require 和 before、after 是 Puppet 依赖关系的 3 个资源。

require 表示当前资源或类被要求的资源或者类所依赖，需要被要求的资源或者类先执行成功后，再执行自己的资源或者类。

base.pp 文件里有两处 require。

require => Package["pcre-devel"]：表示只有安装了 pcre-devel 包以后才执行 file 类型的代码。

require => Group["www"]：表示如果要创建一个 www 用户，前提是必须有一个 www 的组存在。也就是说，user 依赖 group 模块。

在 Puppet 里的依赖关系除了刚才介绍过的 require，还有 before 和 after。

before 是在某个资源之前执行，如下所示。

package { "nginx":
    ...

```
    before => File["/opt/nginx/conf/nginx.conf"],
}
```

after 是在某个资源之后执行，如下所示。看起来和 before 是相反的，但实际上所表示的意思是相同的。

```
file {"/opt/nginx/conf/nginx.conf ":
...
    after => Package["nginx"],
}
```

另外如果你仔细看就会发现 class 定义的格式不同，这是使用::命名空间语法作为在模块中创建结构和组织的一种方法。前缀告诉 Puppet 该类属于哪个模块，后缀则是类名。也就是说，图 5-5 这段代码是属于 Nginx 模块类名为 base。

```
[root@master manifests]# cat base.pp
class nginx::base{
    package {
        "pcre-devel":
        ensure => present,
    }

    file {"nginx":
        path => "/tmp/nginx.tgz",
        ensure => present,
        require => Package["pcre-devel"],
        source =>"puppet://$puppetserver/modules/nginx/nginx.tgz",
    }

    user { "www":
        ensure => present,
        comment => "www",
        uid => "6000",
        gid => "www",
#       managehome => true,
#       home => "/home/www",
        require => Group["www"],
    }
    group { "www":
        ensure => present,
        gid => "6000",
    }
}
[root@master manifests]#
```

图 5-5

打个比方，张家有台计算机，王家也有一台同样型号的计算机，但我们还是能区分清楚，因为这两台计算机分属不同的家庭，这就是命名空间的作用。

接下来看一下 install.pp 中的内容，如图 5-6 所示。这里主要介绍 exec。Puppet 是通过 exec 来执行外部的命令或脚本，这样就涉及一个重复执行 exec 段代码的问题。因为默认情况下，agent 只要连接上 master，就会自动执行对应的命令或脚本。如果重复执行这些对系统或应用造成影响就不好了，所以有一个好的方法是使用像 creates 的参数来避免重复运行命令。比如 install.pp 中的 creates，如果/opt 下没有 nginx 目录或 nginx 文件，就执行 command 这段安装的代码（这段代码是对 nginx.tgz 的操作，这里并没有把 nginx 做成 rpm 包。关于制做 rpm 包将在第 6 章进行介绍）。

```
[root@master manifests]# cat install.pp
class nginx::install{
    exec {"nginx_install":
        creates => "/opt/nginx",
        require => Class[nginx::base],
        cwd => "/tmp",
        logoutput => on_failure,
        timeout =>0,
        command => "/bin/tar zxvf nginx.tgz && cd nginx-1.2.8/ && ./configure --prefix=/opt/nginx --with-http_ssl_module --with-pcre --with-http_stub_status_module && /usr/bin/make && /usr/bin/make install",
        path => "/usr/local/sbin:/usr/local/bin:/sbin:/bin:/usr/sbin:/usr/bin",
    }
}
```

图 5-6

其中，path 是命令执行搜索的路径。如果没有指定 path，命令需要填写完整的路径。path 命令是自选项，依个人情况而定。

logoutput 的作用是不需要记录输出。默认情况下会根据 exec 资源的日志等级（loglevel）来记录输出。本例中定义的是 on_failure，意思是仅在命令返回错误的时候记录输出。

timeout 表示命令运行的最长时间。如果命令运行的时间超过了 timeout 定义的时间，那么这个命令就会被终止并作为运行失败处理。本例中设置的值为 0，则表示没有执行时间限制。timeout 的值是以秒为单位的

config.pp 文件内容如图 5-7 所示。service.pp 文件内容如图 5-8 所示。图 5-8 中这段代码的作用主要是检测 nginx 服务的状态，如果 nginx 处于停止状态的话就将它启动。hasstatus => true 表示管理脚本是否支持 status 参数，Puppet 是用 status 参数来判断服务是否已经处于运行中。如果不支持 status 参数，Puppet 会查找运行的进程列表中是否有服务名，以判断服务是否在运行。

hasrestart => true 表示管理脚本是否支持 restart 参数，如果不支持，就用 stop 和 start 实现 restart 效果。

```
[root@master manifests]# cat config.pp
class nginx::config{
    file { "/opt/nginx/conf/nginx.conf":
        ensure => present,
        source => "puppet://$puppetserver/modules/nginx/nginx.conf",
        require => Class["nginx::install"],
    }

    file {"/etc/init.d/nginx":
        ensure => present,
        source => "puppet://$puppetserver/modules/nginx/ninitd",
        mode => 755,
        owner => root,
        group => root,

    }
}
[root@master manifests]#
```

图 5-7

```
[root@master manifests]# cat service.pp
class nginx::service {
    service { "nginx":
        ensure => running,
        hasstatus => true,
        hasrestart => true,
        enable => true,
        require => [Class[nginx::base],Class[nginx::install],Class[nginx::config]]
    }
#   exec { "rmpacks":
#       command => "/bin/rm -rf /tmp/nginx*",
#       user => "root",
#       path => "/usr/local/sbin:/usr/local/bin:/sbin:/bin:/usr/sbin:/usr/bin",
#   }
}
[root@master manifests]#
```

图 5-8

init.pp 文件内容如图 5-9 所示。这段代码的意思是加载 nginx 的 base、install、config、service 模块到 init 里。因为模块比较多，所以这里使用命名空间还会显得很清晰。

```
[root@master manifests]# cat init.pp
class nginx {
    include nginx::base,nginx::install,nginx::config,nginx::service
}
[root@master manifests]#
```

图 5-9

5.2.3 Puppet 实例详解（三）：sysctl

sysctl 模块的配置如图 5-10 和图 5-11 所示。通过这两张图可以看到，sysctl 模块并不复杂，相对比较简单。不过要注意其中的两个参数，即 refreshonly 和 subscribe。

```
[root@master sysctl]# ls *
files:
sysctl.conf

manifests:
init.pp

templates:
[root@master sysctl]#
```

图 5-10

```
[root@master sysctl]# cat manifests/init.pp
class sysctl {
    file {"/etc/sysctl.conf":
        mode => 644, owner => root, group => root,
        ensure => present,
        source =>"puppet://$puppetserver/modules/sysctl/sysctl.conf";
    }

    exec {"exec-sysctl":
        command => "/sbin/sysctl -p",
        user => "root",
        path => "/usr/local/sbin:/usr/local/bin:/sbin:/bin:/usr/sbin:/usr/bin",
        subscribe => File["/etc/sysctl.conf"] ,
        require => File["/etc/sysctl.conf"],
        refreshonly => true
    }

}
[root@master sysctl]#
```

图 5-11

refreshonly 是一个更新机制，当一个依赖的对象改变的时候命令才会被执行。仅当这个命令依赖其他对象的时候，该参数才会有意义。

还有一个和它类似的参数 refresh。该参数是定义如何更新命令。默认情况下，当 exec 收到其他的资源的一个事件时会重新执行。但是 refresh 参数允许用户定义更新不同的命令。

这里要注意的是，只有 subscribe 和 notify 才可以触发行为，而不是 require。所以只有当 refreshonly 和 subscribe 或 notify 一起使用的时候才有意义。

说到这里想必你对图 5-11 中的内容都理解了吧，简单地说就是当客户端的文件 /etc/sysctl.conf 被更新后，就会执行 /sbin/sysctl–p。

5.2.4 Puppet 实例详解（四）：cron

我们需要定期计划，执行检查、更新、备份等作业。为了统一计划任务，所以需要批量部署及调整各种作业，下面这个实例就是介绍 cron 的资源管理。

cron 的基本格式我就不多说了，还是先看一下 cron 模块，如图 5-12～图 5-14 所示。cron 模块里有几个需要添加的计划任务，先说一下 ntpdate。

```
[root@master cron]# ls *
files:

manifests:
init.pp  install.pp  ntpdate.pp  puppet.pp  rmlock.pp  service.pp

templates:
[root@master cron]#
```

图 5-12

```
[root@master cron]# cat manifests/ntpdate.pp
class cron::ntpdate{
    cron{
        "ntpdate":
        ensure => present,
        command =>"/usr/sbin/ntpdate          ",
        user => root,
        hour => '*',
        minute =>'*/5'
    }
}
```

图 5-13

```
[root@master cron]# cat manifests/init.pp
class cron{
    include cron::install,cron::service,cron::ntpdate,cron::puppet,cron::rmlock
}
[root@master cron]#
```

图 5-14

相信你看图 5-13 的时候会觉得一目了然，cron 模块的参数完全是按照 Linux 系统中的 cron 格式来编写的，所以 cron 模块配置起来就会相当简单。简单地说，这段代码是每 5 分钟同步一次时间。

图 5-15 中添加的计划任务是每 10 分钟同步一次 Puppet。你可以根据需要按照服务器不同的应用或者不同的型号去设置时间值。

init.pp 文件和上面介绍的内容大体一样，这里就不多说了。

```
[root@master cron]# cat manifests/puppet.pp
class cron::puppet{
    cron{
        "puppet":
        ensure => present,
#       ensure => absent,
        command =>"puppet agent -t --server master.███.com",
        user => root,
        hour => '*',
        minute =>'*/10'
    }
}
```

图 5-15

相信通过这几个实例，应该可以解决你大部分的问题。Puppet 的功能远不止这些，关于它的其他配置（如设置自定义变量等），或者有其他的需求我这里没有提到，你可以提出来，我们再一起研究吧。

5.3 Master 自动授权

下面和你简单说一下 master 端的自动授权认证配置。

在 Puppet 中增加 master 端自动授权认证功能后，客户端的请求会由服务器端自动认证，不再需要服务器端手动授权。

在配置之前先和你说一下 Puppet 证书。为了安全，Puppet 采用 SSL 隧道来通信，因此需要申请证书进行验证。当 master 第一次启动的时候，master 创建本地认证中心，给自己签发证书和 KEY，你可以在/etc/puppet/ssl 中看到那些证书和 KEY。这个目录与你在/etc/puppet/puppet.conf 文件中配置的 ssldir 路径有关系。

简单的 master 和 agent 配置文件如图 5-16 和图 5-17 所示，这里配置的 SSL 路径是/var/lib/puppet/ssl。

Puppet 的 agent 在第一次连接 master 的时候会向 master 申请证书，如果 master 没有签发证书，那么 agent 会持续等待 master 签发证书，并会每隔 2 分钟去检查 master 是否签发了证书。

你可以通过 puppet agent --server= master --no-daemonize verbose 命令在计算机启动的时候，清楚地查看 agent 申请证书的过程。

```
[main]
    logdir = /var/log/puppet
    rundir = /var/run/puppet
    ssldir = $vardir/ssl

[master]
    autosign = true
    autosign = /etc/puppet/autosign.conf
    reports = store,http
```

图 5-16

```
[root@master files]# cat puppet.conf
[main]
    logdir = /var/log/puppet
    rundir = /var/run/puppet
    ssldir = $vardir/ssl
    server = master.abc.com

[master]
    autosign = true
    autosign = /etc/puppet/autosign.conf
    reports = store,http
    reporturl = http://         /reports/upload
    ssl_client_header = SSL_CLIENT_S_D
    ssl_client_verify_header = SSL_CLIENT_VERIFY
[agent]
    classfile = $vardir/classes.txt
    localconfig = $vardir/localconfig
    factpath = $vardir/lib/puppet/facter
    # listen = true
    runinterval = 360
    report = true
```

图 5-17

在 master 端查看申请证书请求可以使用 puppetca -a -l 来显示。然后可以使用 puppetca --sign hostname 给特定的客户端签发证书或使用 puppetca --sign --all 来给所有客户端签发证书。

当然如果你配置了自动授权的话就不用这样操作了。在 master 端的配置文件 puppet.conf 里添加如下两行，如图 5-16 所示。然后创建文件 /etc/puppet/autosign.conf，其内容只是一个 "*" 号（这里就不截图了）。添加 "*" 号表示所有申请的客户端都被授权。例如添加域名 *.abc.com，表示只给域名为 abc.com 的客户端授权。

```
autosign=true
autosign = /etc/Puppet/autosign.conf
```

如果需要删除客户端的证书，在 master 端执行 puppetca --clean hostname 命令即可。在客户端需要清空 /etc/puppet/ssl，然后执行 puppet agent --server master --abc。一般是客户端改主机名或更换 master 后需要删除现有证书后再重新申请授权。

5.4　Puppet 节点配置

Puppet 还有一个很主要的文件 site.pp，它的主要作用是告诉 Puppet 去哪里找并载入所有主机相关的配置。site.pp 文件默认是存放在/etc/puppet/manifests 目录中。一般会在 site.pp 文件中定义一些全局变量，如图 5-18 所示。

```
Exec{……}        #设置环境变量
File {……}        #主要说明一下 backup，备份文件的后缀名为 Puppet
import "nodes/*.pp"  #导入主机信息（因为我们定义主名信息的文件名是以 pp 结尾的），
```
这里使用通配符也就是加载所有主机

```
[root@master manifests]# cat site.pp
Exec { path => "/bin:/sbin:/usr/bin:/usr/sbin:/usr/local/bin:/usr/local/sbin" }
$puppetserver = 'master.abc.com'

File {
    ignore => '.svn',
    ensure => present,
        mode => 0644, owner => root, group => root,
    backup => ".puppet",
}
class syservice{
    service{
        ["iptables","acpid"]:
            enable => false;
    }
}

import "nodes/*.pp"
```

图 5-18

既然说到了 import "nodes/*.pp"，那么先看一下 default.pp 文件，如图 5-19 所示。像上面介绍的 vim、sysctl 几个模块都是包含在 default.pp 文件内的。

Puppet 在执行时如果不能找到任何匹配的节点，名为 default 的节点的配置会被默认使用，也就是说，default 默认对非匹配的所有主机生效。如果有某一台或一组要有不同的安装模块的话，就需要重命名.pp 文件了，如图 5-20 所示。图 5-20 中的代码说明节点（主机名）为 mnpn.abc.com 的主机不仅要安装 default.pp 所包含的模块（因为它继承了 default），还要安装 Nginx 模块。如果不继承 default，则 mnpn.abc.com 的主机只安装 Nginx 模块。

```
[root@master manifests]# cat nodes/default.pp
node 'default' {
    include ssh
    include snmpd
    include ldsoconf
#     include basepackage
    include resolv
    include sysctl
    include bashrc
    include vim
    include alias
    include puppet
    include htop
    include iftop
    include lrzsz
    include iptraf
    include sysstat
    include yum
    include cron
    include opt
    include tmux
    include krb5
}
[root@master manifests]#
```

图 5-19

```
[root@master manifests]# cat nodes/mnpn.abc.com.pp
node "mnpn.abc.com" inherits default{
    include nginx
}
```

图 5-20

如果是一组主机的话，可以使用正则表达式，类似下面的代码所示。这样就可以针对一台或一组主机进行设置了。

```
node /^www\d+\.abc\.com/{
    include nginx
}
```

关于节点方面的写法，我再多介绍几个，如下所示。

```
node "www.testing.com" {
    include common
    include apache, squid
}
```

这一组的节点定义是创建了一个叫做 www.testing.com 的节点，然后包含了 common、nginx 和 suqid 模块。

当然也可以使用逗号一次定义多个含有相同配置的节点，具体如下所示。

```
node "www.abc.com", "www2.abc.com", "www3.abc.com" {
    include common
    include apache, squid
}
```

上面的例子创建了 3 个相同的节点：www.abc.com、www2.abc.com 和 www3.abc.com，这样就可以不用每个节点创建单独的文件了。如果你觉得这么写还有点麻烦，就可以使用正则表达式进行匹配，这种比逐个列举出来要方便得多，如下所示。

```
node /^www\d+$/ {
    include common
}
```

上面的例子表示匹配所有以 www 开头，并且以一个或多个数字结尾的主机。如果你觉得这种匹配的方式可能太广泛了，你需要的只是匹配两个左右的主机，可以参考如下代码。这个例子表示匹配主机 xyz.abc.com 或者 bar.abc.com。

```
node /^(xyz|bar)\.abc\.com$/ {
    include common
}
```

在节点方面要注意一下，在一个文件中有多个正则表达式或者节点定义的时候，如果有一个没有使用正则表达式的节点匹配当前连接的客户端，那么这个节点会被优先使用，否则会使用第一个匹配的正则表达式。

5.5 使用 Apache 和 Passenger

首先说明一下，之所以要用 Apache 和 Passenger 启动 Puppet，是因为使用 Puppet 自带的 Web 服务器速度会比较慢。

接下来说一下它的安装配置，使用的是 Centos 6.4 系统。

```
yum install  gcc-c++ httpd-devel apr-devel ruby-devel ruby-rdoc mod_ssl rubygems
gem install   rack
```

```
gem install passenger
passenger-install-apache2-module
```

安装完这些包后需要增加文件 passenger.conf 和 puppet.conf，如图 5-21 和图 5-22 所示，前 3 行是根据文件安装的实际情况来编写的。

```
[root@master ~]# cat /etc/httpd/conf.d/passenger.conf
#LoadModule passenger_module /usr/lib/ruby/gems/1.8/gems/passenger-4.0.10/buildout/apache2/mod_passenger.so
LoadModule passenger_module /usr/lib/ruby/gems/1.8/gems/passenger-4.0.10/ext/apache2/mod_passenger.so
PassengerRoot /usr/lib/ruby/gems/1.8/gems/passenger-4.0.10
PassengerRuby /usr/bin/ruby
PassengerHighPerformance on
#PassengerUseGlobalQueue on
PassengerMaxPoolSize 6
PassengerMaxRequests 4000
PassengerPoolIdleTime 1800
[root@master ~]#
```

图 5-21

```
[root@master ~]# cat /etc/httpd/conf.d/puppet.conf
#LoadModule passenger_module /usr/lib/ruby/gems/1.8/gems/passenger-4.0.10/ext/apache2/mod_passenger.so
#PassengerRoot /usr/lib/ruby/gems/1.8/gems/passenger-4.0.10
#PassengerRuby /usr/bin/ruby

Listen 8140
<VirtualHost *:8140>
SSLEngine on
SSLProtocol -ALL +SSLv3 +TLSv1
SSLCipherSuite ALL:!ADH:RC4+RSA:+HIGH:+MEDIUM:-LOW:-SSLv2:-EXP
#SSLCipherSuite SSLv2:-LOW:-EXPORT:RC4+RSA
SSLCertificateFile /var/lib/puppet/ssl/certs/master.bfdabc.com.pem
SSLCertificateKeyFile /var/lib/puppet/ssl/private_keys/master.bfdabc.com.pem
SSLCertificateChainFile /var/lib/puppet/ssl/ca/ca_crt.pem
SSLCACertificateFile /var/lib/puppet/ssl/ca/ca_crt.pem
# CRL checking should be enabled; if you have problems withApache complaining about the CRL, disable the next line
SSLCARevocationFile /var/lib/puppet/ssl/ca/ca_crl.pem
SSLVerifyClient optional
SSLVerifyDepth 1
SSLOptions +StdEnvVars

# The following client headers allow the same configuration to work with Pound.
RequestHeader set X-SSL-Subject %{SSL_CLIENT_S_DN}e
RequestHeader set X-Client-DN %{SSL_CLIENT_S_DN}e
RequestHeader set X-Client-Verify %{SSL_CLIENT_VERIFY}e

ServerName master.bfdabc.com
DocumentRoot /etc/puppet/web/public
<Directory /etc/puppet/web/public>
#Options None
#AllowOverride None
AllowOverride all
Options -MultiViews
#Order allow,deny
#allow from all
</Directory>
</VirtualHost>
[root@master ~]#
```

图 5-22

创建完这两个文件后，我们接着创建 dashboard 需要的文件及目录。

```
mkdir -p /etc/Puppet/web/{public,tmp,log}
cp /usr/share/Puppet/ext/rack/files/config.ru
```

```
chkconfig Puppetmaster off
chkconfig httpd on
chown Puppet:Puppet /etc/Puppet/web/config.ru
chown Puppet:Puppet config.ru
```

复制 /usr/lib/ruby/gems/1.8/gems/passenger-4.0.10/abc/stub/rails_apps/1.2/empty/public/* 到 /etc/Puppet/web/public/，如图 5-23 所示。

```
[root@master public]# ll
total 28
-rw-r--r-- 1 root root  947 Aug  2 2013 404.html
-rw-r--r-- 1 root root  941 Aug  2 2013 500.html
-rwxr-xr-x 1 root root  473 Aug  2 2013 dispatch.cgi
-rwxr-xr-x 1 root root  855 Aug  2 2013 dispatch.fcgi
-rwxr-xr-x 1 root root  474 Aug  2 2013 dispatch.rb
-rw-r--r-- 1 root root    0 Aug  2 2013 favicon.ico
drwxr-xr-x 2 root root 4096 Aug  2 2013 images
-rw-r--r-- 1 root root   99 Aug  2 2013 robots.txt
[root@master public]#
```

图 5-23

```
/etc/init.d/Puppetmaster stop
```

passenger start 用来测试 passenger 是否可以正常启动，如图 5-24 和图 5-25 所示。

```
[root@master puppet]# passenger start
=============== Phusion Passenger Standalone web server started ===============
PID file: /etc/puppet/passenger.3000.pid
Log file: /etc/puppet/passenger.3000.log
Environment: development
Accessible via: http://0.0.0.0:3000/

You can stop Phusion Passenger Standalone by pressing Ctrl-C.
===============================================================================
```

图 5-24

```
[root@master puppet]# passenger-status
Version : 4.0.10
Date    :
Instance: 18836
----------- General information -----------
Max pool size : 6
Processes     : 0
Requests in top-level queue : 0

----------- Application groups -----------
[root@master puppet]#
```

图 5-25

通过 passenger-memory-stats 可以查看 Apache Passenger 使用的内存占用情况，如

图 5-26 所示。

```
[root@master puppet]# passenger-status
Version : 4.0.10
Date    : Tue Jun 17 21:01:18 +0800 2014
Instance: 18836
----------- General information -----------
Max pool size : 6
Processes     : 0
Requests in top-level queue : 0
----------- Application groups -----------
[root@master puppet]# passenger-memory-stats

Version: 4.0.10
Date   : Tue Jun 17 21:04:19 +0800 2014

------ Apache processes -------
### Processes: 0
### Total private dirty RSS: 0.00 MB

------ Nginx processes ------
PID    PPID   VMSize    Private   Name
18881  1      31.7 MB   0.2 MB    nginx: master process /var/lib/passenger-standalone/4.0.10/nginx-1.4
.1-x86_64-linux/nginx -c /tmp/passenger-standalone.1ffnc4l/config -p /tmp/passenger-standalone.1ffnc
4l/
18882  18881  32.0 MB   0.5 MB    nginx: worker process
### Processes: 2
### Total private dirty RSS: 0.70 MB

----- Passenger processes -----
PID    VMSize    Private   Name
18863  209.3 MB  0.2 MB    PassengerWatchdog
18866  496.9 MB  2.3 MB    PassengerHelperAgent
18872  209.5 MB  0.8 MB    PassengerLoggingAgent
### Processes: 3
### Total private dirty RSS: 3.36 MB
[root@master puppet]#
[root@master puppet]#
```

图 5-26

然后开启 http 服务，执行 service httpd restart 命令。

通过 https://IP:8140/ 来访问，如果出现 "The environment must be purely alphanumeric, not" 则表示访问成功。

5.6　Puppet 控制台

5.6.1　安装 Dashboard 前的准备

Puppet Dashboard 是一个 Ruby on Rails 程序，用于显示 Puppet master 和 agent 的相关信息，包括 master 收集来自于 agent 的资产数据（主机的 Fact 和其他信息），然后汇总出图形和报告数据。

它的安装还是比较简单的，直接用 yum 来安装相应的组件即可。

```
yum install -y build-essential irb libmysql-ruby libmysqlclient-dev
libopenssl-ruby libreadline-ruby mysql-server rake rdoc ri ruby ruby-dev
Puppet-dashboard
```

安装好这些包后，需要简单地配置 MySQL。你可以根据安装后的提示来对它进行初始化，它的配置文件/etc/my.cnf 暂时可以使用默认的。然后进入 MySQL 后执行下列命令来创建相应的数据库和给相关的用户分配权限。

这里有一点需要注意，虽然说 MySQL 的配置文件暂不用修改，不过 Dashboard 有可能发送一行 20MB 左右的数据（虽说这并不常见），但为了确保正常运行，可以修改 MySQL 最大数据包大小配置，即修改/etc/my.cnf 文件，添加 max_allowed_ packet = 32M 这行代码，然后重启 MySQL 即可。

MySQL 的启动命令为/etc/rc.d/init.d/mysqld restart，开机启动命令为 chkconfig mysqld on。

```
CREATE DATABASE dashboard CHARACTER SET utf8;
CREATE USER 'dashboard'@'localhost' IDENTIFIED BY 'my_password';
GRANT ALL PRIVILEGES ON dashboard.* TO 'dashboard'@'localhost';
flush privileges;
```

5.6.2 配置 Dashboard

进入目录/usr/share/puppet-dashboard/config，编辑文件 database.yml 来指定数据库相关的信息，如图 5-27 所示。如果没有这个文件可以通过 cp database.yml.example database.yml 来获得。

图 5-27

进入目录/usr/share/puppet-dashboard/，执行命令 rake RAILS_ENV=production db:migrate。

然后看看是否导入成功，如图 5-28 所示。

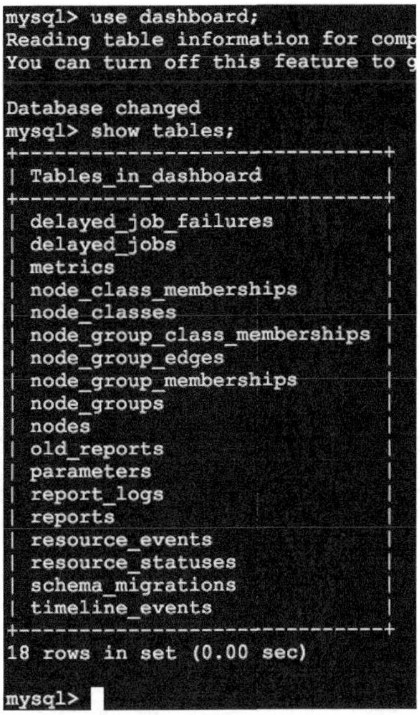

```
mysql> use dashboard;
Reading table information for comp
You can turn off this feature to g

Database changed
mysql> show tables;
+------------------------------+
| Tables_in_dashboard          |
+------------------------------+
| delayed_job_failures         |
| delayed_jobs                 |
| metrics                      |
| node_class_memberships       |
| node_classes                 |
| node_group_class_memberships |
| node_group_edges             |
| node_group_memberships       |
| node_groups                  |
| nodes                        |
| old_reports                  |
| parameters                   |
| report_logs                  |
| reports                      |
| resource_events              |
| resource_statuses            |
| schema_migrations            |
| timeline_events              |
+------------------------------+
18 rows in set (0.00 sec)

mysql>
```

图 5-28

执行这句命令的意思是，环境变量 RAILS_ENV=production 会告诉 Ruby on Rails 在生产环境中，每次运行一个 rake 命令都需要使用合适的环境值来设置 RAILS_ENV 环境变量。

这里最好设置一下权限，命令为 chown -R puppet-dashboard:puppet-dashboard /usr/share/puppet-dashboard。

5.6.3 启动并运行 Dashboard（WEBrick 方式）

在运行前最好修改 Dashboard 的显示时间，否则显示的时间不是北京时间（默认时区为 UTC 格式）。修改文件 /usr/local/Puppet-dashboard/config/environment.rb，如下所示。

```
#config.time_zone = 'UTC'
 config.time_zone = 'Beijing'
```

接着来说说 Dashboard 的启动。WEBrick 是有助于快速使用 Dashboard 的，不过它的性能有待提高，因为当有许多 agent 向 Dashboard 进行报告提交时，就会显示出它的性能不足了，所以不建议使用它。你可以执行以下命令来启动 Dashboard。

要注意的是，master 和 agent 的配置要根据图 5-29 和图 5-30 进行。

```
cd /usr/share/puppet-dashboard
nohup sudo -u puppet-dashboard script/server -e production &
nohup sudo -u puppet-dashboard rake RAILS_ENV=production jobs:work &
```

```
[main]
    logdir = /var/log/puppet
    rundir = /var/run/puppet
    ssldir = $vardir/ssl

[master]
    autosign = true
    autosign = /etc/puppet/autosign.conf
    reports = store,htt
    reporturl = http://192.168.49.251:3000/reports/upload
```

图 5-29

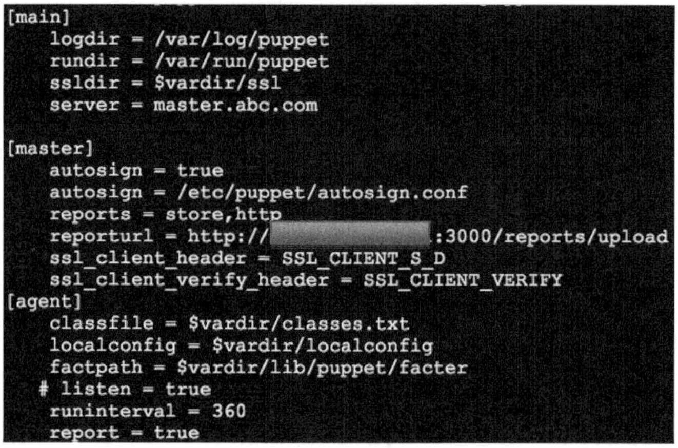

```
[main]
    logdir = /var/log/puppet
    rundir = /var/run/puppet
    ssldir = $vardir/ssl
    server = master.abc.com

[master]
    autosign = true
    autosign = /etc/puppet/autosign.conf
    reports = store,http
    reporturl = http://              :3000/reports/upload
    ssl_client_header = SSL_CLIENT_S_D
    ssl_client_verify_header = SSL_CLIENT_VERIFY

[agent]
    classfile = $vardir/classes.txt
    localconfig = $vardir/localconfig
    factpath = $vardir/lib/puppet/facter
    # listen = true
    runinterval = 360
    report = true
```

图 5-30

开启后台处理报告进程，运行 "Delayed Job Workers"，使其在后台处理报告日志。如果不开启这个服务就会如图 5-31 所示，后台的日志一直不会处理。

服务器启动后就可以通过 http://dashboard:3000 来访问，如图 5-32 所示。经过一段时间的同步后，dashboard 还可以显示每个客户端的同步状态、时间等，如图 5-33 所示。

5.6 Puppet 控制台

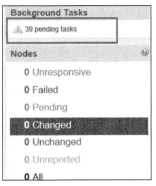

图 5-31

图 5-32

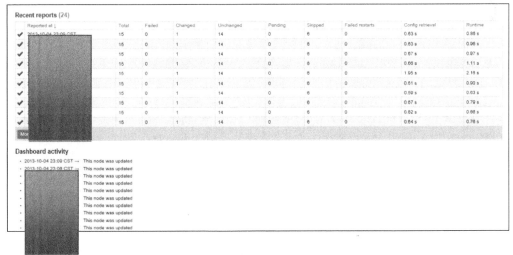

图 5-33

Puppet 暂时先介绍到这里，这些都只是比较初级的用法，目的是让你能快速地掌握及处理日常的应用。如果你有什么其他问题，咱们可以再一起讨论。

另外还有一点需要注意，Puppet 在服务器端是可以以推的方式去同步客户端，但是在 Centos 5.X 系统上执行经常并不成功（Centos 6.X 系统没问题）。

5.6.4　Foreman 简介

Puppet 的控制台除了 Dashboard，还有一个 Foreman。

Foreman 是一个集成的数据中心生命周期管理工具，提供了服务开通、配置管理以及报告等功能，和 Puppet Dahboard 一样，Foreman 也是一个 Ruby on Rails 程序。Foreman 和 Dashboard 不同的地方在于，Foreman 更多的关注服务开通和管理数据中心的能力，例如和引导工具、PXE 启动服务器、DHCP 服务器及服务器开通工具进行集成。

Foreman 可以与 Puppet 集成使用，并且它通常作为 Puppet 的前端接入.。

Foreman 能够通过 Facter 组件显示系统的目录信息，并且可以从 Puppet 主机报表中提供实时信息。

Foreman 能够准备用户管理新机器的所有工作。

Foreman 能够管理大规模（当然也包括小规模）的、企业级的网络，可能有很多域、子网和 Puppet master 节点。

Foreman 也可以实现配置版本的回溯。

这里不再介绍它的安装步骤，如果你有需要的话，可以参考我博客中的这篇文章 http://blog.chinaunix.net/uid-10915175-id-4562489.html。

还有一个要向你介绍的是 MCollective。它是 Puppet 的命令编排解决方案，由 R.I.Pienaar 在 PuppetLabs 重视之前独立开发完成。MCollective 使用 message broker（如 ActiveMQ）通过 pub-sub 总线来传递消息，可以并行通信，比用 SSH 快得多。Puppet 和 MCollective 现在是可以在同一个框架下工作了，同时也可以提供完成配置管理和命令编排的功能。

MCollective 的劣势主要体现在两个方面。第一，MCollective 和 Puppet 集成得并不是很紧密，至少对社区版本来讲是这样。MCollective 有单独的安装包和独立的配置文件。另外还需要安装配置 broker（如 ActiveMQ），来与 MCollective 一起工作。虽然不难，却非常繁琐。最后，你还不得不自己解决生产环境中通信渠道的安全问题，光这方面就有点困难。

相对来讲 MCollective 缺少一些自带的功能。有很多现成的插件可以下载安装（https://github.com/Puppetlabs/mcollective-plugins），用 Ruby 编写插件虽然说不是很复杂，不过想要立即使用的话，可能困难要比想象得大。

Puppet 还有一些扩展工具，比如 PuppetPuppetdB、PuppetPuppetdoc 和 Hiera 等。只是这些用得比较少，所以这里就不介绍了。

5.7 FAQ

Q：连接 master 时报错：dnsdomainname: Unknown host 或 Could not request certificate: getaddrinfo: Name or service not known。

A：这需要检查一下主机名的设置，以及是否添加到 DNS 或 hosts 文件中。

Q：报错 Could not retrieve catalog from remote server: certificate verify failed。

A：客户端和服务器端时间不同步，SSL 连接依赖于主机上的时间是否正确，同步时间后即可解决问题。

Q：报错 Could not send report: hostname not match with the server certificate

A：如果确定/etc/hosts 和/etc/sysconfig/network 都没有问题，那么看一下文件/etc/resolv.conf 里的 search localdomain 这行是否改成现有网络中使用的域名。

Q：报错 Could not retrieve catalog from remote server: Error 400 on SERVER: Could not parse YAML data for node XXX。

A：在目录/var/lib/Puppet/yaml/node 中删除相应的文件 XXX。

Q：报错 Run of Puppet configuration client already in progress。

A：出现这种情况，有两种解决方案。一种是通过 ps -axf|grep Puppet 命令查看是否有 Puppet 进程在运行。如果有，则关闭 Puppet，之后再运行即可。

第二种是没有进程，那有可能是 PuppetPuppetdlock 存在，可将其删除。使用 rm -rf /var/Puppet/state/PuppetPuppetdlock 删除即可，出现这种情况比较常见。

5.8 小结

小鑫根据刘老师博客上的安装方法正常安装 Puppet 后，就迫不及待地编写了几个模块，感觉不是很难。看来目前线上的一些应用可以通过 Puppet 节省很多的人力成本来实现自动化操作了。

刘老师在邮件里提到还会介绍 Salt 方面的知识，小鑫对此充满了期待。

小鑫的运维工作向自动化迈出了重要的一步。

第 6 章 企业互联网自动化之 SaltStack

自从小鑫根据刘老师的建议使用 Puppet 编写了几十个需要的模块后，发现 Puppet 服务器运行时比较消耗资源，也比较烦琐。小鑫主要是对 Puppet 的 Ruby 知道得比较少，如果二次开发的话会很麻烦。所以小鑫想知道如果服务器和模块再增加的话，运行速度会不会越来越慢？

6.1 新秀 SaltStack

刘老师：

您好！

感谢您给我介绍的 Puppet 及它的一些使用方法和实例，我在公司的服务器上部署了很多模块，感觉特别实用。为此很感谢您的帮助。

但随着服务器和模块的增加，我明显地感觉到 mmaster 慢了很多。因为 Ruby 语言不适合集成到运维平台，所以麻烦刘老师给我介绍一个相对来说比较轻量的，便于二次开发的自动化开源软件，谢谢。

6.1.1 常用自动化工具简介

小鑫发完邮件后也找了一些类似于 Puppet 的工具，如 Chef、Salt。Chef 和 Puppet 一样也是用 Ruby 语言写的，而且 Chef 配置起来比 Puppet 还要麻烦。小鑫找了一些与 Chef 相关的例子，发现它更像是 Ruby 脚本，都是从前到后按顺序执行，因此它不适合小鑫的公司的服务器环境要求。

第 6 章
企业互联网自动化之 SaltStack

SaltStack 是继 Puppet、Chef 之后开发出来的配置管理及远程执行工具。与 Puppet 相比，SaltStack 没有那么笨重，较为轻量。它不像 Puppet 可用领域专用语言（Domain Specific Language，DSL）来编写配置，而是使用 YAML 作为配置文件格式，从而编写起来既简单又容易，同时也便于动态生成。此外，SaltStack 在远程执行命令时的速度非常快，同时它也包含了非常丰富的模块。

小鑫看了这几个工具的介绍后，觉得 SaltStack 非常适合公司目前的情况。

6.1.2　SaltStack 安装配置

小鑫：

你好！

上次向你介绍了 Puppet 的一些常用用法，相信你也能编写出不少模块了。如果需要使用变量可能还需要查看相关资料。从目前来看，Puppet 中自带的变量等能满足你的工作需求，暂时不需要自定义变量等。如果你想进行二次开发的话，可能会很麻烦。我目前使用的是 Salt。

至于 Chef、Salt 等开源自动化工具之间的区别我就不多说了，你可以上网搜索即可。

这里也讲一下，如果你们公司服务器和模块数量不多，使用 Ansible 也是个不错的选择。当然，如果你对其进行二次开发等操作，也会适合大量服务器的。这里先和你讲一下常用的 Salt。

Salt 的安装比较简单，直接采用 Yum 即可。不过要确认计算机中安装了版本 6 的 epel 源才可以使用（我使用的是 Centos 6.4 以上版本的系统）。

epel 源安装命令为 rpm -ivh epel-release-6-8.noarch.rpm；

服务器安装命令为 yum install salt-master –y；

启动命令为 /etc/init.d/salt-master restart；

客户端安装命令为 yum install salt-minion –y；

启动命令为 /etc/init.d/salt-minion restart；

日志文件为 /var/log/salt/master（minion）。

建议在 Salt 官网中下载最新的源码包来进行安装。安装后可以用命令 salt-minion --versions-report 查看 Salt 的版本以及相关依赖软件的安装版本，如图 6-1 所示。

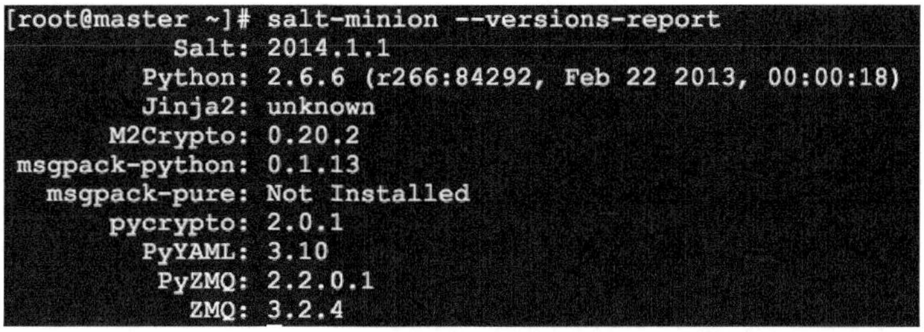

图 6-1

SaltStack 安装好之后，master 端要编辑/etc/salt/路径下的 master 文件，如图 6-2 所示。你可以登录我的博客 http://blog.chinaunix.net/uid-10915175-id-4352504.html 查找 master 配置文件相关的说明。

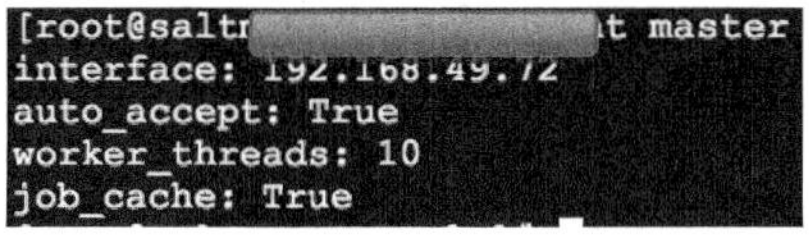

图 6-2

interface：显示服务器端的 IP，也就是 master 的 IP。默认情况下是 0.0.0.0，如果有外网 IP 的话可能不太安全，所以要绑定内网的 IP。

auto_accept：True 表示自动接受客户端的申请。

worker_threads：用来表示接收 minion 的线程数。如果你那边有很多 minion，并且 minion 延迟应答的时间比较长，可以适度地提高该值。

job_cache：用来设置 master 维护的工作缓存。当你的客户端很多时（百台以上），它能很好地承担这个大的架构。一般不推荐关闭该选项，开启该选项将使 master 获得更快的 IO 系统，默认目录为/var/cache/salt。

Salt 客户端的配置是非常简单的，只要在文件/etc/salt/minion 里添加 master 的 IP 即可。其格式为 master: X.X.X.X。

这里要强调一下，在安装 Salt 前一定要设置好服务器的完整主机名，也就是 FQDN，不然的话就需要更改 minion_id 文件了（除非在 minion 文件中指定好 ID）。minion_id 文件很重要，下面简单地和你说一下它的生成过程。

minion 在默认的情况下会按照一定的顺序找到一个不是 localhost 的值作为 ID。首先是通过 Python 函数 socket.getfqdn()获取，如果获取不到就会在文件/etc/hostname 定义的值里获取，这仅限于非 Windows 系统。Windows 系统是从文件 %WINDIR%\system32\drivers\etc\hosts 中定义的值获取。

如果以上方式能够获取一个 ID，并且不是 localhost，就会使用获取到的 ID。如果以上方法都失败，则使用 localhost 作为备用。最终获取的 ID 将记录在/etc/salt/minion_id 文件中。该文件可以手动更改，重启服务器后不会被重新覆盖。

就像我刚才说的那样，如果 minion 端主配置文件 /etc/salt/minion 中启用了 id: xxxx，那么这个 ID 值将覆盖 /etc/salt/minion_id 中记录的 ID 数值。

接下来我简单介绍一下 minion 的认证过程吧。当 minion 端第一次启动服务器后会生成一个密钥对，即在/etc/salt/pki/minion/下自动生成 minion.pem（private key）和 minion.pub（public key），并产生一个 ID 值，minion 会装公钥发送给 master，直到接收为止。

master 在接收到 minion 的 public key 后，通过 salt-key 命令就会接受 minion 的 public key。这样在 master 的/etc/salt/pki/master/minions 下应该会存放以 minion id 命名的 public key。

最后当 master 认证完后，会将自身的公钥发送给 minion，并存储为/etc/salt/pki/minion/minion_master.pub，然后 master 就能和 minion 通信了。

客户端在启动后会自动到 master 注册，你可以通过 salt-key-L 去查看已经接收、等待接收等信息，如图 6-3 所示。因为前面 master 已经设置了自动接收，所以不再需要设置 saltkey -a 这样的参数了。

如果你需要删除相应的主机，使用 salt-key -d keyname 命令即可，如图 6-4 所示（有时候服务器更改主机名需要这一步操作）。

在 minion 连接 master 后，你可以在 master 上使用 salt *（或者 "*"）test.ping 来测试，如图 6-5 所示。

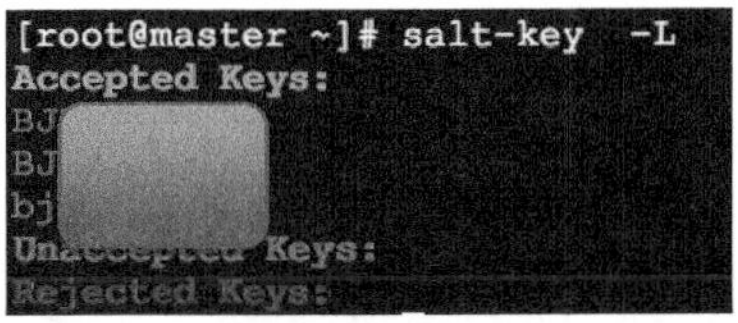

图 6-3

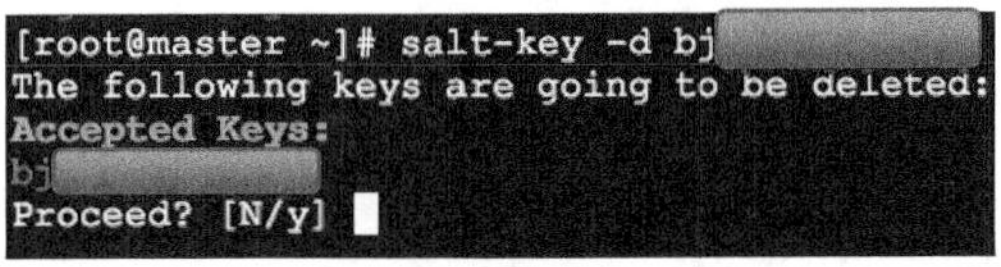

图 6-4

图 6-5

通过 salt-run manage.up、salt-run manage.status 和 salt-run manage.down 命令来查看 minion 端的状态，如图 6-6 所示。

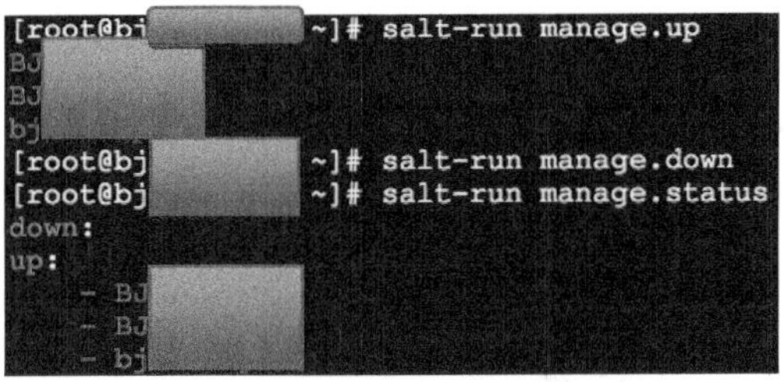

图 6-6

因为 Salt 目前还不是很成熟，所以如果服务器比较多使用上面几条命令时会有一些主机显示的状态不对。还有的时候在分发模块的时候，有些服务器没有响应。这个时候你在 test.ping 后面加 "-v"，一般情况下再去执行其他的命令就可以了。

注意，在安装 SaltStack 的时候一定要确认 ZeroMQ 为 3.0 及以上的版本。

再和你说一下远程执行命令的另外几种形式。

- Salt '*.example.org' test.ping：默认的规则是使用 glob 匹配 minion id。

- Salt -G 'os:Ubuntu' test.ping：-G 表示可以使用 Grains 系统通过 minion 的系统信息进行过滤。

- Salt -E 'mach[0-9]' test.ping：-E 表示可以使用正则表达式。

- Salt -L 'foo，bar，baz' test.ping：-L 表示可以指定列表。

- Salt -C 'G@os:Ubuntu and webser* or E@databases.*' test.ping：-C 表示在一个命令中混合使用多 target 类型。

- Salt -N Salt_group1 test.ping：-N 表示可以指定组。

Grains、组和列表稍后进行介绍。

安装好 Salt 后默认的本地目录根路径为/srv/salt（类似 Puppet 的模块路径），当然也可以在/etc/Salt/master 文件里进行修改。

Salt 运行一个轻量级的文件服务器通过 ZeroMQ 对 minions 进行文件传输，所以这个文件服务器是构造在 master 的守护进程中，并且不需要依赖于专用的端口，如 4505（publish_port）：Salt 的消息发布系统，4506（ret_port）：Salt 客户端与服务端通信的端口。

master 每一个环境可以有多个根目录，但是相同环境下多个文件的子目录不能相同。一个基础环境依赖于主的入口文件，如图 6-7 所示。不过一般情况下不需要那么多，只需要一个 base 环境即可。注意，base 环境是必须存在的。

图 6-7

base 环境必须包含一个名为 top.sls 的 Salt 入口文件（这个和 Puppet 的 site.pp 文件类似，这里不再赘述），如图 6-8 所示。

图 6-9 所示的意思是如果匹配到 test1 组，则安装 httpd 相关的组件。组的概念将在 6.1.3 节中进行介绍。

```
[root@saltmaster salt]# more top.sls
base:
  '*':
    - vim
    - sysctl
#   - tmux
    - dstat
    - lrzsz
#   - iftop
    - htop
    - profile
    - pinit
    - alias
#   - crontab
    - ldconfig
```

图 6-8

```
base:
  '*':
    - users
  test1:
    - match: nodegroup
    - httpd
```

图 6-9

图 6-10 所示的意思是如果匹配到 grains 的 os_family 是 RedHat（注意大小写），则去执行 epel 的相关脚本。Grains 将在 6.1.4 节中进行介绍。

```
base:
  '*':
    - users
  'os_family:RedHat':
    - match: grain
    - epel
```

图 6-10

6.1.3 Nodegroup

远程执行命令中，-L 是用列表方式来表示，可以允许对多台服务器同时操作，当然最好是少量的服务器。如果十几台或者更多的服务器还采用列表方式的话，那样操作会很麻烦。一种方法是可以用正则表达式来操作；如果正则表达式不方便匹配的话，就可以把这些经常用的服务器设置成一个组来操作。

使用组之前需要先设置一下，编辑配置文件 /etc/salt/master 或者编辑 /etc/salt/master.d/nodegroup.conf（文件夹及文件需要创建，默认情况下 Salt 会加载 /etc/salt 目录下

master.d/*.conf 文件），如图 6-11 所示。图 6-11 中的测试是基于两个组的。如果想同时对这两个组的服务器进行操作的话，应该怎么办呢？一台一台地加到同一组里还是使用复杂的正则表达式呢？Salt 实现了组的嵌套，如图 6-12 所示。

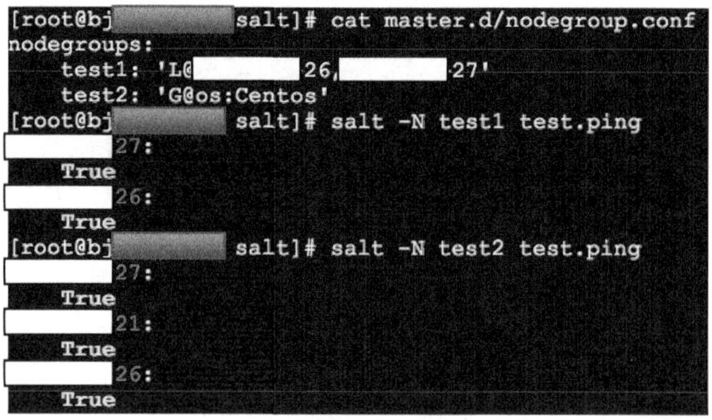

图 6-11

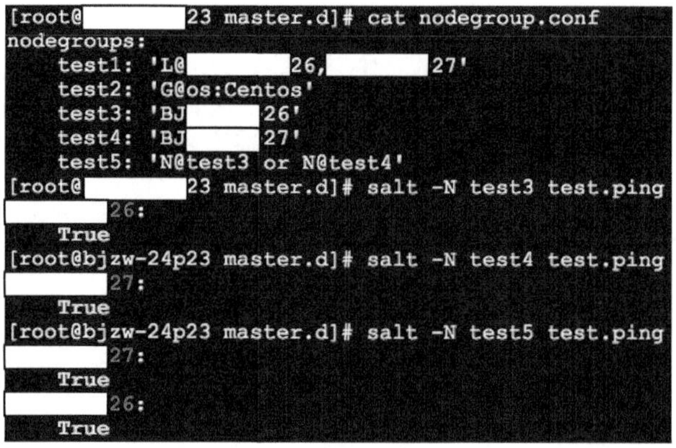

图 6-12

6.1.4　Grains

Grains 和 Puppet 的 Facter 功能一样，它主要负责采集客户端的一些基本信息，当然这些基本信息也可以自定义。如果在客户端自定义，则基本信息可以自动汇报上来；如果是从服务器端定义然后推下去，则在采集完后再汇报上来。

对于每个节点都可以查看 items 相应的值，因为信息量比较多，所以图 6-13 所示的只是部分信息。如果你不清楚每个节点都有什么样的项目，可以使用 grains.ls 查看，如图 6-14

所示。图 6-15 所示的是显示单条项目的值。

```
[root@ ~]# salt  grains.items
  biosreleasedate: 08/18/2011
  biosversion: 6.0.7
  cpis:
      a
      b
  cpu_flags: fpu vme de pse tsc msr pae mce cx8 apic sep mtrr pge mca cmov pat p
se36 clflush dts acpi mmx fxsr sse sse2 ss ht tm syscall nx pdpe1gb rdtscp lm co
nstant_tsc ida nonstop_tsc arat pni monitor ds_cpl vmx smx est tm2 ssse3 cx16 xt
pr sse4_1 sse4_2 popcnt lahf_lm
  cpu_model: Intel(R) Xeon(R) CPU           E5620  @ 2.40GHz
  cpuarch: x86_64
  defaultencoding: UTF8
  defaultlanguage: en_US
  df: 2
  domain:
  external_ip: .200
  fqdn:
  fqdn_ip4:
  fqdn_ip6:
  gpus:
      {'model': 'MGA G200eW WPCM450', 'vendor': 'unknown'}
  host:
  hwaddr_interfaces: {'lo': '00:00:00:00:00:00', 'sit0': '0.0.0.0', 'eth3': '78:
2b:cb:65:ec:2d', 'eth2': '78:2b:cb:65:ec:2b', 'eth1': '78:2b:cb:65:ec:29', 'eth0
': '78:2b:cb:65:ec:27'}
  id:
  ip_interfaces: {'lo': ['127.0.0.1'], 'sit0': [], 'eth3': ['  .200'], '
eth2': [], 'eth1': [], 'eth0': ['  .27']}
  ipv4:
      127.0.0.1
      27
      200
```

图 6-13

```
[roo  ~]# salt  rains.ls
    - biosreleasedate
    - biosversion
    - cpis
    - cpu_flags
    - cpu_model
    - cpuarch
    - defaultencoding
    - defaultlanguage
    - df
    - domain
    - external_ip
    - fqdn
    - fqdn_ip4
    - fqdn_ip6
    - gpus
    - host
    - hwaddr_interfaces
    - id
    - ip_interfaces
    - ipv4
    - ipv6
    - kernel
    - kernelrelease
    - liu
    - localhost
    - manufacturer
    - master
    - max_open_file
    - mem_total
    - nodename
    - num_cpus
```

图 6-14

图 6-15

一般情况下,Salt 自带的项目足够满足我们的需要。如果你公司需要自定义一些项目的话,咱们可以一起再研究。这里先介绍一个简单的自定义的 Grains。

因为现在服务器上定义的主机名是 bjXXX-mXpXXX-XXXX.XXXXliuxin.com 这种形式,在 Zabbix 的配置文件里显示的也是这种 FQDN 的形式,所以看上去非常长,不美观。因为通过 Salt-call grains.items 查看也没有合适的形式,所以我决定自己编写一个。

在 Salt 服务器的/etc/Salt/下创建目录_grains,编写文件 shostname.py,内容如图 6-16 所示。这里强调一下,这个脚本如果需要的话,可根据自己的情况进行改写。

```
[root@        _grains]# cat shostname.py
import socket
#coding=utf-8

def shostname():
    grains={}
    hostname = socket.gethostbyname_ex(socket.gethostname())[1][1]
    grains['shostname']=hostname
    return grains
```

图 6-16

接下来需要同步到各 minion 端(执行 salt '*' saltutil.sync_all)及刷新各 minion 端(执行 salt '*' sys.reload_modules),然后就可以通过 grains.items 看到相关的信息了。因为服务器比较多,所以信息也会比较多,这里只显示部分截图,如图 6-17~图 6-19 所示。

Pillar 是 Salt 非常重要的一个组件,用于给特定的 minion 定义任何你需要的数据。这些数据可以被 Salt 的其他组件使用。Pillar 数据是与特定 minion 关联的,也就是说每一个 minion 都只能看到自己的数据。所以 Pillar 可以用来传递一些敏感数据(因为在 Salt 的设计中,Pillar 会使用独立的加密 session,这也是为了保证敏感数据的安全性)。

建议你把上面所介绍的方法用熟,然后有机会再一起研究 Pillar。

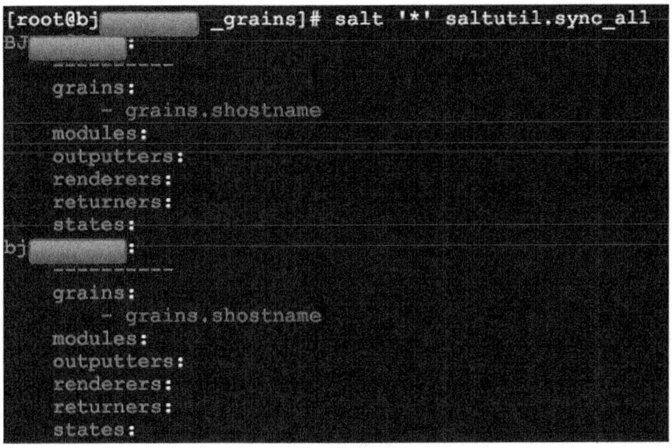

图 6-17

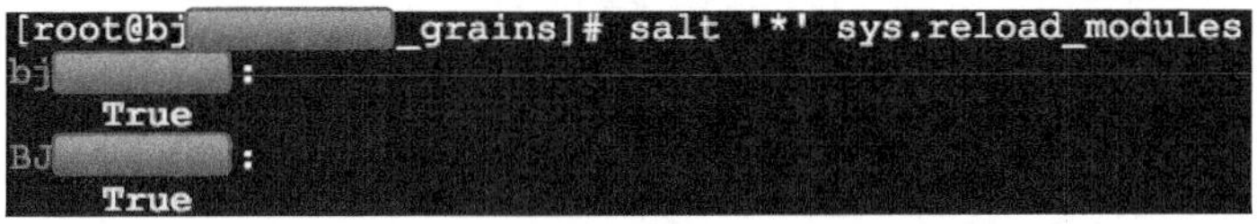

图 6-18

图 6-19

6.1.5 Syndic

SaltStack 是传统的 C/S 架构，一台 master 管理着多台 minion。但在 Salt 中还有一个 syndic，你可以认为它是一个代理。简单举个例子，master 是大 BOSS，管理着下面的 syndic，也就是 Leader，而 minion 就是普通员工。按照从上到下这样的顺序进行管理，相信你应该可以理解了。

因为我这边的规模不需要使用 syndic，所以我只是和你说一下 Syndic 的工作原理吧。BOSS 可以下达一个指示给 Leader，当然也可以直接给员工下达指示让他去做事（在 master 上无法看到它的 Key）。

Syndic 的配置还是比较简单的，在 master 上配置文件/etc/salt/master 为 order_masters: True，然后重启 master 服务；在 syndic 上配置 syndic_master: masterIP，然后重启 Master 服务和 Syndic 服务。这样就配置完成了。

这里要和你说一下的是，在 Master 和 Syndic 上都会有 top.sls 配置文件，但是以哪个为准呢？其实在 master 上做资源管理 state 时（其他的我也没试），是不能直接在 top.sls 下指定 minion_id 的，但是可以直接管理 minion，去让它做事。也就是说 master 的 top.sls 不能指定 minion_id，但是可以直接管理 minion，让它去根据它的 master 的指示做事。

不过，在实际使用中发现，由于 Syndic 采用这种分治机制，从而弱化了 masterOfmaster，在某些网络状况较差的情况下，就会让结果变得不可控。所以一般不建议你使用 Syndic，你可以上网参考一下官方的文档来配置一下：http://docs.SaltStack.com/en/latest/topics/tutorials/multimaster.html 看看效果。

6.1.6　minion 端 Backup

在对文件进行更新、修改等操作时，备份文件是很有必要的。这里的设置是在 minion 上，为本地进行备份。

在 master 端配置文件里，增加 backup 参数，如图 6-20 所示。这样在文件 sysctl.conf 有变动的时候，就会在 minion 端备份文件了。

```
/etc/sysctl.conf:
  file.managed:
    - source: salt://sysctl/sysctl.conf
    - backup: minion
```

图 6-20

我们可以通过命令 salt '*' file.list_backups+文件路径来查看所有文件的备份情况。这里会返回文件备份序号、时间、位置和大小等信息，如图 6-21 所示。

如果你想回退的话，有两种方法。一种是可以在 minion 端将文件进行替换；另一种是在 master 端使用命令 salt '*' file.restore_backup+文件路径+文件备份的序列号，以此恢复到想要的版本，如图 6-22 所示。

```
[root@bjzw-24p23 sysctl]# salt '*' file.list_backups /etc/sysctl.conf
BJZW-24-27:
    ----------
    0:
        ----------
        Backup Time:
            Fri Apr 11 2014 15:01:10.712603
        Location:
            /var/cache/salt/minion/file_backup/etc/sysctl.conf_Fri_Apr_11_15:01:10_712603_2014
        Size:
            1863
    1:
        ----------
        Backup Time:
            Fri Apr 11 2014 14:59:03.399780
        Location:
            /var/cache/salt/minion/file_backup/etc/sysctl.conf_Fri_Apr_11_14:59:03_399780_2014
        Size:
            1862
    2:
        ----------
        Backup Time:
            Thu Apr 10 2014 18:11:24.265490
        Location:
            /var/cache/salt/minion/file_backup/etc/sysctl.conf_Thu_Apr_10_18:11:24_265490_2014
        Size:
            1863
```

图 6-21

```
[root@bjzw-24p23 sysctl]# salt 'BJZW-24-27' file.restore_backup /etc/sysctl.conf 2
BJZW-24-27:
    ----------
    comment:
        Successfully restored /var/cache/salt/minion/file_backup/etc/sysctl.conf_Fri_Apr_11_14:59:03_399780_2014 to /etc/sysctl.conf
    result:
        True
```

图 6-22

如果最终文件已经确认或者有其他备份，可以删除在 minion 端的备份以节约一些空间，如图 6-23 所示。不过如果你的备份文件比较多，比如有 0、1、2、3 这 4 份，你删除的是 2 这个序列号的文件，再一次 list 显示时，显示的结果是 0、1、2 这 3 份，而且不是 0、1、3 这样的序列号，所以这点你要注意下，如图 6-23 和图 6-24 所示。

```
[root@bjzw-24p23 sysctl]# salt 'BJZW-24-27' file.delete_backup /etc/sysctl.conf 2
BJZW-24-27:
    ----------
    comment:
        Successfully removed /var/cache/salt/minion/file_backup/etc/sysctl.conf_Fri_Apr_11_15:01:10_712603_2014
    result:
        True
```

图 6-23

```
[root@bjzw-24p23 sysctl]# salt 'BJZW-24-27' file.delete_backup /etc/sysctl.conf 2
BJZW-24-27:
    ----------
    comment:
        Successfully removed /var/cache/salt/minion/file_backup/etc/sysctl.conf_Fri_Apr_11_14:
    result:
        True
[root@bjzw-24p23 sysctl]# salt 'BJZW-24-27' file.list_backups /etc/sysctl.conf
BJZW-24-27:
    ----------
    0:
        ----------
        Backup Time:
            Sat Oct 25 2014 18:32:06.644512
        Location:
            /var/cache/salt/minion/file_backup/etc/sysctl.conf_Sat_Oct_25_18:32:06_644512_2014
        Size:
            1863
    1:
        ----------
        Backup Time:
            Sat Oct 25 2014 18:31:38.412936
        Location:
            /var/cache/salt/minion/file_backup/etc/sysctl.conf_Sat_Oct_25_18:31:38_412936_2014
        Size:
            1862
    2:
        ----------
        Backup Time:
            Thu Apr 10 2014 18:11:24.265490
        Location:
            /var/cache/salt/minion/file_backup/etc/sysctl.conf_Thu_Apr_10_18:11:24_265490_2014
        Size:
```

图 6-24

6.1.7 minion 计划任务

另外要和你说的是计划任务，也就是说在 minion 端定时地去同步 master 端的各模块。你可以认为是 Linux 上的 crontab。

开启 schedule，只需要在 master 或者 minion 的配置文件中开启 schedule 参数即可。以下是修改 minion 的配置文件，这种方式可修改所有 minion 的配置文件。你可以在 master 端添加 minion 的配置文件模块同步，这样操作也不麻烦。

其他的如 master、Pillar 就不介绍了。

```
schedule:
highstate:
    function: state.highstate
seconds: 30
minutes: 5
hours: 1
```

6.1.8 JobManager

minion 在缓存目录中维护着一个 proc 目录，默认配置为/var/cache/salt/minion/proc，如图 6-25 所示。这个目录中存放了已经执行过的以 job id 命名的文件。这些文件包含当前运作任务的详细信息，可以使用 jobs 方法进行操作。

```
[root@bj    26 ~]# cd /var/cache/salt/minion/proc/
[root@bj    26 proc]# ls
20140802152427647289  20140802162427389586  20140802192739863707
```

图 6-25

使用 salt '*' saltutil.running 可以得到所有运行 job 的相关信息，不过如果主机过多或者 job 很多的话，可能你就查不过来了。所以可以去查找指定的 ID 来查看相关的信息，如图 6-26 和图 6-27 所示。

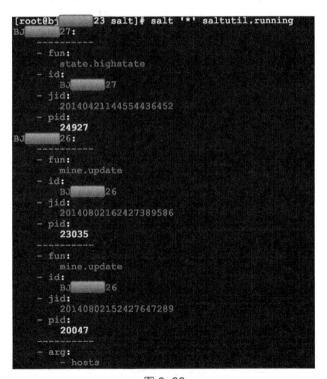

图 6-26

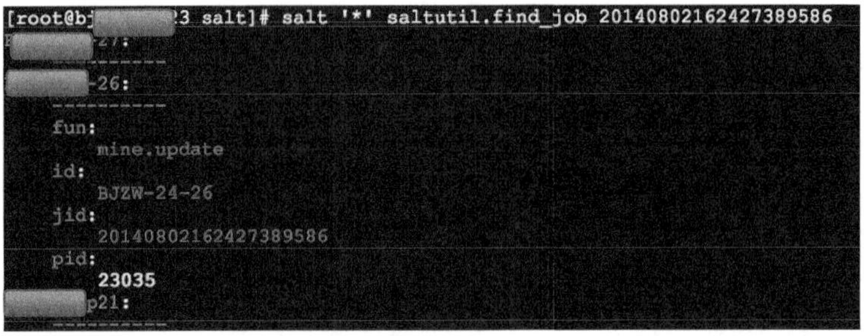

图 6-27

一般情况下,在推送的时候加个 -v 会显示 job id。另外在某些环境的影响下,可能有一些 job 还没有运行结束,所以再一次推送的时候会显示某台服务器的 job 正在运行,这个时候你可以去 kill 掉这个 job,如图 6-28 所示,也可以重启这台 minion 的 Salt 服务。

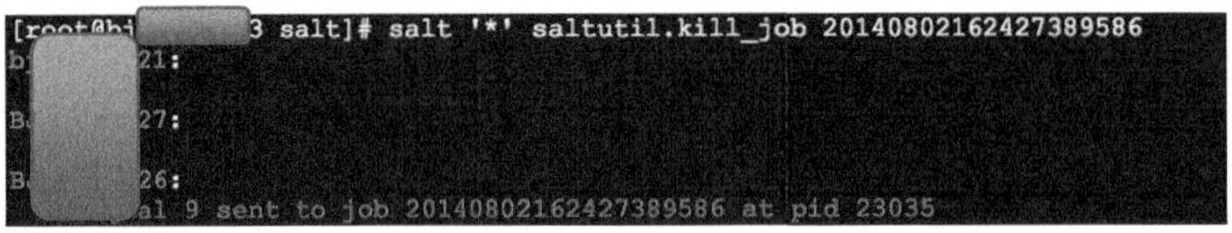

图 6-28

关于 job 管理还有一些其他的用法,如 signal_job 可以向指定的 job id 任务发送一个信号;term_job 向指定的 job id 发送一个 termaination 信号(SIGTERM,15)来控制进程;Salt-run jobs.active 表示返回当前系统上正在运行的 jobs;Salt-run jobs.lookup_jid <job id number> 表示执行后的结果数据发送回 master,这些数据会被缓存在本地一段时间(24 小时),具体缓存的时间可以通过 keep_jobs 参数控制;salt-run jobs.list_jobs 表示返回截止当前时间本地所缓存的所有 job 数据。

6.2 SaltStack 实例详解

下面通过实例来介绍 SaltStack 的几个配置文件。

6.2.1 SaltStack 实例详解(一):hosts 文件

首先这是一个很简单的实例,其作用就是同步所有 minion 的 /etc/hosts 文件。如果在多地点、多服务器的时候只是同步 hosts 文件可能有点不太合适，直接使用内部 DNS 是一个很好的选择。

现在来介绍一下 SLS 文件，它代表 Salt State 文件，是 Salt State 系统的核心。SLS 描述了系统的目标状态，由格式简单的数据构成。SLS 经常被称作配置管理，如上面提到的入口文件 top.sls。

在目录/srv/salt/hosts 下先放置一份完整的 hosts 文件，然后编写文件 install.sls，如图 6-29 所示。如果你配置过第 5 章中 Puppet 的一些模块，想必对这一行一行的代码已有所理解。

/etc/hosts：对全局 ID 的声明，可以是任意标识符。我一般是使用文件的所在路径来定义的。如果是安装软件包的话，也可以直接以包名来定义。

file.managed：对 state 的声名，在这里因为要管理的类型是文件，所以使用的是 file 状态模块中的管理功能。当然 file 状态模块的功能有很多，几乎对文件所有的操作它都有相对应的功能。管理功能只是其中之一。

source：salt：//hosts/hosts：表示源文件的位置，这里是 hosts 文件夹下的 hosts 文件。

第四、五、六行是对这个文件的权限进行设置，与 Puppet 类似，这里就不多说了。

backup：minion：表示在 minion 端要备份旧文件。

图 6-29

一般情况下这样也就算完成了一个模块，在 top.sls 文件中加入 - hosts.install 即可。但为了正规一些，我们可以再编辑一个 init.sls 文件，把 install.sls 文件 include 进来，这样就是一个完整的结构了，如图 6-30 所示。这时在 top.sls 文件里加入 - hosts 即可，如图 6-31 所示。

图 6-30

图 6-31

在 Salt 中，除了 include 外还有一个 extend。因为我这里没有复杂到要使用 extend，所以简单地和你说一下它的作用，就不举例子了。在 includ 文件中，里面的内容也许并不是全部符合要求，这时就需要用 extend 来重写这部分内容，这里是追加而不是覆盖。

因为 SLS 中的文件仅仅是结构化的数据而已，在处理 SLS 时就会将其中的内容解析成 Python 中的 dict（当然 dict 中会嵌套 dict 和 list）。在修改 include 模块的 watch 内容时，相当于在 list 中添加一个元素。所以说在 extending 时，是附加的内容，而不是覆盖。

salt '*' state.highstate 命令可以把 top.sls 文件中包含的模块应用到所有服务器上，如图 6-32 所示。如果不是同步所有服务器，就可以使用 salt'minion_id'state.sls hosts.install 命令同步到相对应的服务器上。

图 6-32

如果是新添加的 minion 端，可以使用 salt-call state.highstate 命令，这样客户端同步时就可以和服务器端单独通信了，如图 6-33 所示（因为信息量比较大，所以只有最后一屏的截图）。

```
---
+++
@@ -1,2 +1,4 @@
+#Edit by Salt
+
 127.0.0.1     localhost.localdomain localhost
 ::1           localhost6.localdomain6 localhost6
[INFO    ] Completed state [/etc/hosts] at time 14:41:29.676565
local:
----------
          ID: /etc/hosts
    Function: file.managed
      Result: True
     Comment: File /etc/hosts updated
     Changes:
              ----------
              diff:
                  ---
                  +++
                  @@ -1,2 +1,4 @@
                  +#Edit by Salt
                  +
                   127.0.0.1     localhost.localdomain localhost
                   ::1           localhost6.localdomain6 localhost6

Summary
------------
Succeeded: 1
Failed:    0
------------
Total:     1
```

图 6-33

另外，如果你公司需要依据各种条件来定制的话，可以使用 Grains 的相关选项来作为条件，如图 6-34 所示。

```
/tmp/test:
     file.managed:
{% if grains['os_family'] == 'Debian' %}
     - source: salt://test/debian
{% elif grains['osfinger'] == 'CentOS-6' %}
     - source: salt://test/centos
{% endif %}
```

图 6-34

6.2.2　SaltStack 实例详解（二）：用户的添加

接下来和你说一下用户方面的配置，如图 6-35 所示。SLS 文件首先要定义一个 SSH 的 KEY 文件相关属性。因为有些系统或者其他的设置，在创建用户的时候不会存在宿主目录，所以会有 makedirs 选项，这样可以保证这些目录是存在的。

```
/home/liuxin/.ssh/authorized_keys:
    file.managed:
        - source: salt://user/authorized_keys
        - makedirs: True
        - user: liuxin
        - group: liuxin
        - mode: 0700

liuxin:
    user.present:
        - uid: 1982
        - gid: 1982
{% if grains['os_family'] == 'Debian' %}
        - groups:
            - sudo
{% elif grains['os_family'] == 'RedHat' %}
        - groups:
            - wheel
{% endif %}
        - home: /home/liuxin
        - shell: /bin/bash
        - require:
            - group: liuxin
    group.present:
        - gid: 1982
```

图 6-35

上面的命令中定义了 liuxin 这个用户和组的存在，且定义 liuxin 组的 gid 为 1982。下面介绍定义用户吧。添加 liuxin 用户，它的 uid 和 gid 都是 1982，然后根据不同的系统加入另一个组里，即 Debian 系列的系统是加入 sudo 这个组里，RedHat 系列的系统是加入 wheel 这个组里。

require 的意义相信你也知道，它和 Puppet 一样都是依赖条件。这里的意思就是，要添加 liuxin 用户必须先存在 liuxin 组。

运行后就可以根据不同的系统增加 liuxin 用户，然后就可以通过 ssh 无密码登录到其他服务器端了。

6.2.3　SaltStack 实例详解（三）：安装软件包

安装软件包还是挺简单的，如图 6-36 所示。其中，htop：表示定义要安装的包名；pkg.installed：表示定义包的状态，这里的状态是要安装。

图 6-36

如果没有 Yum 这类的源且无公网 IP 的话，可能需要直接安装 rpm 包了。只需要加上一条命令 skip_verify: True，如图 6-37 所示。这条命令的意思是跳过 GPG 的验证检查，不然通过 Salt 安装 rpm 包时会报错。

```
mc:
  pkg.installed:
    - skip_verify: True
    - sources:
      - mc: salt://mc/mc.rpm
```

图 6-37

另外一种就是 tar 包的安装，如图 6-38 所示。第一段代码是文件的管理，这里就不多说了。第二段代码是对 java.tgz 包的操作，要把 java.tgz 包解压到/opt 下，然后 watch 这个包。

```
/tmp/java.tgz:
  file.managed:
    - source: salt://java/java.tgz
    - user: root
    - group: root
    - mode: 644

tar zxvf /tmp/java.tgz -C /opt:
  cmd.wait:
    - user: root
    - cwd: /tmp
    - watch:
      - file: /tmp/java.tgz
```

图 6-38

watch 和 require 类似，都能保证被监视或需要的 state 在自己之前执行，但是 watch 还有其他的作用。在被监视的 state 发生变化时，定义 watch 语句的 state 会执行自己的 watch 函数。在这里如果/tmp/java.tgz 有更改，就会重新解压到/opt 下。当然这里可以 watch 多个，例如增加 uid、pkg 等。

6.2.4 SaltStack 实例详解（四）：安装 Zabbix 客户端

结合上面的各项说明，再看看 Zabbix 客户端的安装。因为我这是两种系统，首先是 Centos.sls 文件，内容如图 6-39 所示。因为没有做源，所以只是来确定 rpm 包位置及安装。这里的 unless 和 Puppet 类似，也是一个判断。要不然，每次执行 Salt 都要安装一次……

Debian.sls 文件内容如图 6-40 所示，首先要安装包 libcurl3-gnutls，然后根据不同的系统版本来安装不同的软件包。可以根据不同的筛选条件来判断，这个可以通过 grains.items 来观察选择。

```
/tmp/zabbix-2.2.5-1.el6.x86_64.rpm:
    file.managed:
        - source: salt://zabbix/zabbix-2.2.5-1.el6.x86_64.rpm

rpm -ivh --force /tmp/zabbix-2.2.5-1.el6.x86_64.rpm:
    cmd.run:
        - user: root
        - unless: test -f /usr/sbin/zabbix_agentd

/tmp/zabbix-agent-2.2.5-1.el6.x86_64.rpm:
    file.managed:
        - source: salt://zabbix/zabbix-agent-2.2.5-1.el6.x86_64.rpm

rpm -ivh --force /tmp/zabbix-agent-2.2.5-1.el6.x86_64.rpm:
    cmd.run:
        - user: root
        - unless: test -f /usr/sbin/zabbix_agentd
```

图 6-39

```
libcurl3-gnutls:
    pkg.installed

/tmp/zabbix-agent.deb:
    file.managed:
{% if grains['oscodename']=='squeeze' %}
        - source: salt://zabbix/zabbix-agent_2.2.5-1+squeeze_amd64.deb
        - require:
            - pkg: libcurl3-gnutls
{% elif grains['osrelease']=='7.0' %}
        - source: salt://zabbix/zabbix-agent_2.2.5-1+wheezy_amd64.deb
        - require:
            - pkg: libcurl3-gnutls
{% endif %}

dpkg -i /tmp/zabbix-agent.deb:
    cmd.run:
        - user: root
        - unless: test -f /usr/sbin/zabbix_agentd
```

图 6-40

配置文件 files.sls，这里用了 jinja 的模板，所以需要在 conf 文件里配置。这里配置的是监听 IP 和 Hostname，如图 6-41 和图 6-42 所示。

```
zabbix-init:
    file.managed:
        - user: root
        - group: root
        - mode: 744
{% if grains['os']=='CentOS' %}
        - name: /etc/init.d/zabbix-agentd
        - source: salt://zabbix/zabbix-agentd
{% elif grains['os']=='Debian' %}
        - name: /etc/init.d/zabbix-agent
        - source: salt://zabbix/zabbix-agent
{% endif %}

/etc/zabbix/zabbix_agentd.conf:
    file.managed:
        - user: root
        - group: root
        - mode: 644
{% if 'mysql' in grains['fqdn'] %}
        - source: salt://zabbix/zabbix_agentd_mysql.conf
{% else %}
        - source: salt://zabbix/zabbix_agentd.conf
{% endif %}
        - backup: minion
        - template: jinja
```

图 6-41

```
PidFile=/var/run/zabbix/zabbix_agentd.pid
LogFile=/var/log/zabbix/zabbix_agentd.log
LogFileSize=0
Server=192.168.1.1
ListenIP={{ grains['fqdn_ip4'][0] }}
ServerActive=127.0.0.1
Hostname={{ grains['shostname'] }}
Include=/etc/zabbix/zabbix_agentd.d/
```

图 6-42

这里首先根据不同系统的类型（不是版本）来配置启动文件，然后配置 Zabbix 的配置文件。因为 MySQL 要监控的比较特殊，所以会有配置文件不同。这里通过 MySQL 这个词是否包含在完整主机名里来确定（这边的完整主机名包含应用的名称），最后是使用模板的配置。

配置 Zabbix 的服务选项如图 6-43 所示，包括它的服务状态要保证它是运行的，如果停止或者配置文件有所发动就重新启动。还有启动文件，这里没有对启动文件设置所属用户、组及权限，你可以根据自己的情况来设置。

```
agentd_ser:
    service:
        - running
        - restart: True
{% if grains['os']=='CentOS' %}
        - name: zabbix-agentd
        - require:
            - file: /etc/init.d/zabbix-agentd
{% elif grains['os']=='Debian' %}
        - name: zabbix-agent
        - require:
            - file: /etc/init.d/zabbix-agent
{% endif %}
        - watch:
            - file: /etc/zabbix/zabbix_agentd.conf
```

图 6-43

最后就是 Zabbix 的初始化文件了，如图 6-44 所示。包含了刚才写的一些 sls 文件，当然有的是需要来判断系统类型的。这样 Zabbix 一个模块就整理好了。一个是可以加到 top.sls 里，另一个是单独推送都可以。

```
include:
{% if grains['os']=='Debian' %}
    - zabbix.debian
{% elif grains['os']=='CentOS' %}
    - zabbix.centos
{% endif %}
    - zabbix.file
    - zabbix.service
```

图 6-44

6.3 部分 Salt 内置 state 模块简介

虽然说 Salt 是后起之秀，但是它的内置模块并不比 Puppet 少。它包含了 Puppet 中大部分必要的模块，比如 cron、file、host、exec（Salt 是 cmd）、group、package（Salt 是 pkg）、user 等。当然 Salt 还有一些自己独有的，比如针对 git、svn 的 state 模块。

接下来介绍 cmd 模块，cmd 模块管理可执行命令的执行过程。State 模块可以告诉 minion 执行什么样的命令，而常用的就是 cmd.run，如图 6-45 所示。这只是显示硬盘空间的情况，当然你可以试试其他命令。

图 6-45

cmd 模块常用的不仅仅是 cmd.run，像上面说过的 watch，是要等到条件满足才去执行 cmd 命令，这个时候就需要用到 cmd.wait 了。

cmd 模块还有几个其他的用法及条件，你可以参考网址 http://blog.chinaunix.net/uid-10915175-id-4395259.html。

还有一个常用的模块是 file，它包含的内容非常多。除了上面说的 file.managed，还有 copy、mknod、rename、synlink、copy 等。这里我就不一一介绍了，下面主要介绍 append 和 sed 吧。

file.append 是把要添加的内容添加到指定文件的最底部。因为有时候我们接手的每台服务器同一个文件的内容是不同的，这个时候我们用替换的方法去统一这个文件显然是不方便的，所以如果想添加内容的话，可以使用 file.append，如图 6-46 所示。

相应地，如果不需要那行内容的时候可以使用 file 的 state。不过不是 file.absent，file.absent 是删除文件，注意别弄错了。删除新加的行可以使用 file.sed，如图 6-47 所示。

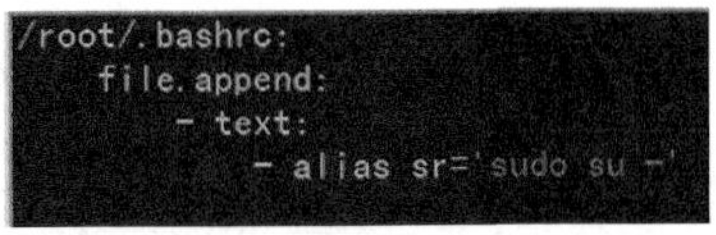

图 6-46

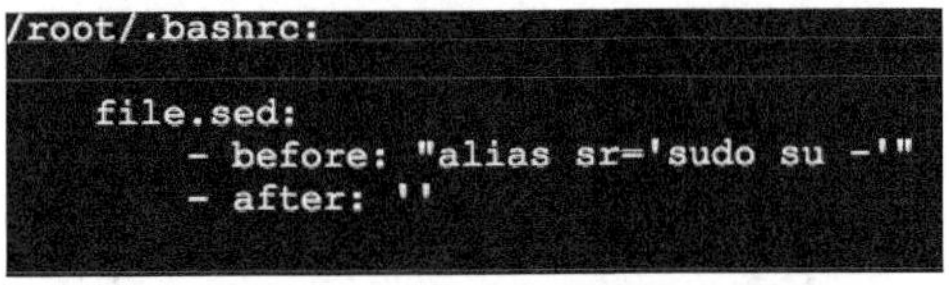

图 6-47

file 的其他方法我就不多说了，你可以登录我的博客或者去官网看看相关资料。

常用的我都和你介绍了，当然 Salt 本身还有一个 Pillar 没有和你详细说明。等你把常用的都熟悉以后，如果有其他的需要我们可以再一起研究，比如 Jinja 模板等。

6.4　Web-UI

Salt 除了使用命令行外，还可以使用 Web-UI 来运行及查看它的情况。

它的安装也不复杂，需要在系统中安装 apache、git（这两个可以用其他软件替代，并不是一定要安装）和 salt-api（一定要安装），在 yum 下安装即可。

```
cd/var/www/
git clone https://github.com/SaltStack/halite
cd halite/halite
./genindex.py-C
```

接下来添加用户 Salt，密码设置成 Salt。

然后在目录 /etc/salt/master.d/ 下创建文件 saltui.conf，文件内容如图 6-48 所示。

添加用户及增加配置文件后，重启 Salt-master。

```
/etc/init.d/salt-master restart
```

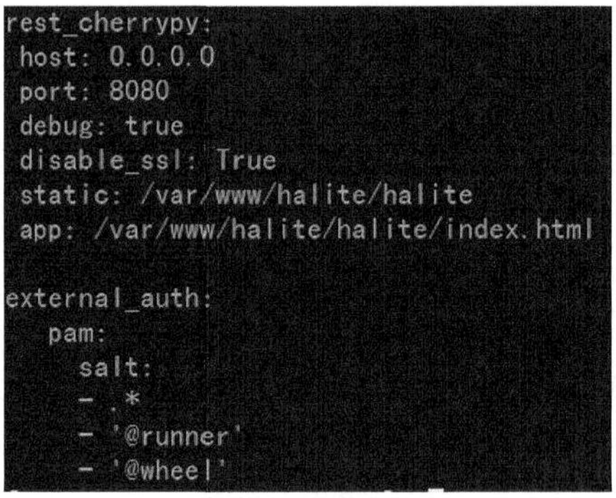

```
rest_cherrypy:
  host: 0.0.0.0
  port: 8080
  debug: true
  disable_ssl: True
  static: /var/www/halite/halite
  app: /var/www/halite/halite/index.html

external_auth:
  pam:
    salt:
      - .*
      - '@runner'
      - '@wheel'
```

图 6-48

接下来是启动 Web，也就是 salt-UI。

cd /var/www/halite/halite

python server_bottle.py -d -C -l debug -s cherrypy

当然也可以放在后台或者使用 tmux 重启另一个终端来启动。

图 6-49 为 master 端的情况。

图 6-49

图 6-50 为 Console 端的情况，执行一些命令后会显示命令记录。

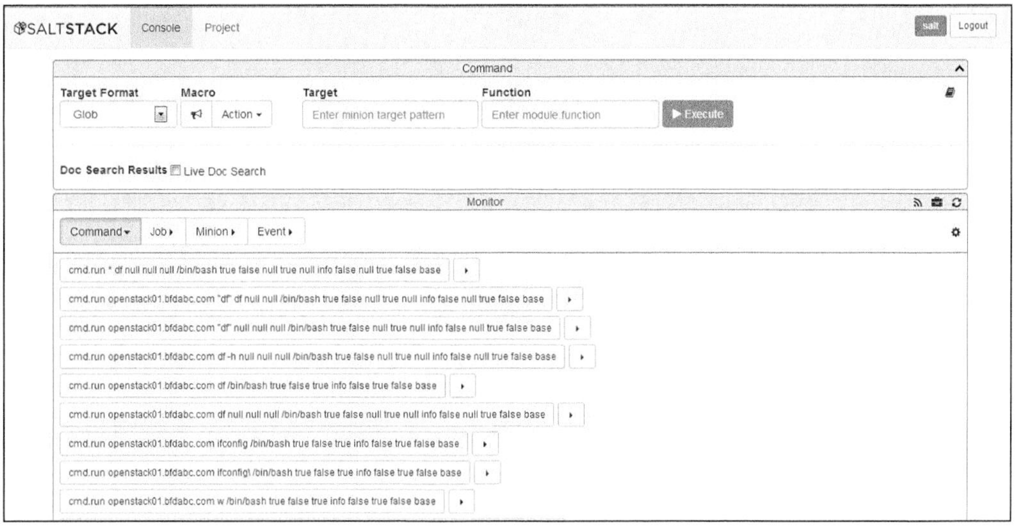

图 6-50

图 6-51 为执行命令后显示 job 是否成功，打开 enevt 会显示详细信息。

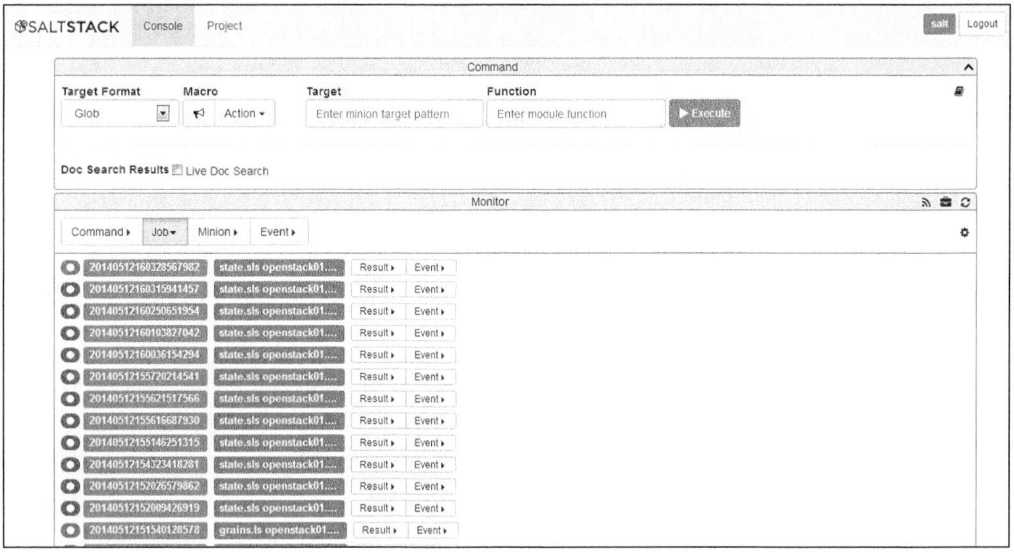

图 6-51

图 6-52 显示了安装的客户端的情况。

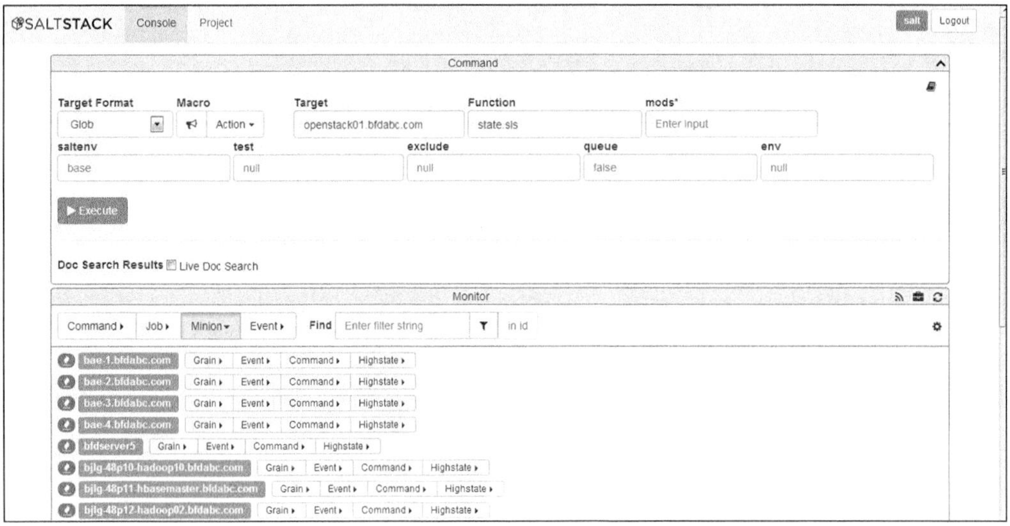

第 6 章
企业互联网自动化之 SaltStack

图 6-52

图 6-53 是所有的 Event 情况。

图 6-53

个人感觉这个框架还是不错的，用户可以根据自己的需要进行二次开发。不过，还是更倾向于自行开发相应的 Web 页面。这些其实都是调用 Salt 的 api，因此自己开发将更为灵活。

6.5　Yum 在线源服务器

通过前面的介绍，你了解了无论是 Puppet 还是 Salt 在安装程序时，默认都会从源去找需要安装的程序，所以在使用 Cenots 时建议搭建一个 Yum 源服务器。在 Yum 源服务器搭建好以后，就是 rpm 包的制作及更新了。

Yum 在线源服务器的配置比较简单，我大致介绍一下（还有一种是本地 Yum 源，不过这种大多为程序版本不是最新的，所以这里就不多说了。如果以后你要使用自制的 rpm 包和内部源来更新或者升级程序，咱们可以再探讨）。

首先安装 nginx，然后在配置文件 /usr/local/nginx/conf/nginx.conf 的 http 域中加上以下 3 条，接着保存退出即可看到它的索引目录，如图 6-54 所示。

autoindex on; #开启 nginx 目录浏览功能。

autoindex_exact_size off; #文件大小从 KB 开始显示。

autoindex_localtime on; #显示文件修改时间为服务器本地时间。

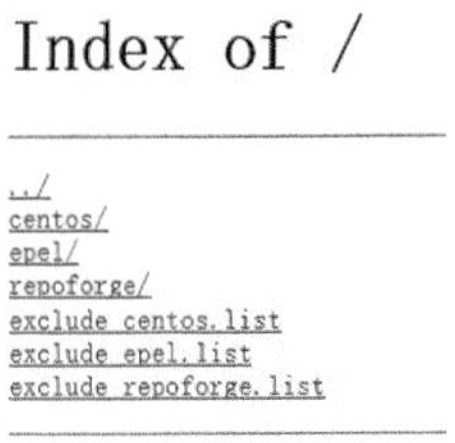

```
Index of /

../
centos/
epel/
repoforge/
exclude_centos.list
exclude_epel.list
exclude_repoforge.list
```

图 6-54

接下来创建镜像文件存放目录，如下所示。这里创建 3 个文件夹，分别存放 CentOS 官方标准源、第三方的 rpmforge 源和 epel 源。

```
mkdir -p /usr/local/nginx/html/centos    #CentOS 官方标准源
mkdir -p /usr/local/nginx/html/repoforge #第三方 rpmforge 源
mkdir -p /usr/local/nginx/html/epel      #第三方 epel 源
```

另外最好确定一下这 3 个源是从以下的源同步的。当然你也可以另外选择其他的源。

这里要说明一下这些要同步的源必须支持 rsync 协议，否则不能使用 rsync 进行同步。

CentOS 官方标准源：rsync://mirrors.ustc.edu.cn/centos/，或者 rsync://mirrors.kernel.org/centos。

rpmforge 源：rsync://mirrors.ispros.com.bd/repoforge/。

epel 源：rsync://mirrors.ustc.edu.cn/epel/，或者 rsync://mirrors.kernel.org/fedora-epel。

先在目录 usr/local/nginx/html/里通过 touch 命令创建以下 3 个文件。把不需要同步的目录写到上面对应的文件中，每行一个目录。

```
exclude_centos.list
exclude_repoforge.list
exclude_epel.list
```

创建完这 3 个文件后，你可以使用以下 3 条命令将 3 个源同步到本地的 Yum 源服务器。你也可以把这 3 条命令保存到一个脚本里，然后定期去同步。

```
/usr/bin/rsync -avrt rsync://mirrors.ustc.edu.cn/centos/
--exclude-from=/usr/local/nginx/html/exclude_centos.list
/usr/local/nginx/html/centos/
    /usr/bin/rsync -avrt rsync://mirrors.ispros.com.bd/repoforge/
--exclude-from=/usr/local/nginx/html/exclude_repoforge.list
/usr/local/nginx/html/repoforge/
    /usr/bin/rsync -avrt rsync://mirrors.ustc.edu.cn/epel/
--exclude-from=/usr/local/nginx/html/exclude_epel.list
/usr/local/nginx/html/epel/
```

接下来是根据不同版本创建 3 个 Yum 源的 repo 配置文件。进入目录/etc/yum.repos.d/备份原有的文件，执行 mv /etc/yum.repos.d/CentOS-Base.repo CentOS-Base.repo-bak。

然后配置 CentOS 5.X 系列的/etc/yum.repos.d/CentOS-Base.repo。

name 是仓库的描述，也可以说是名字。

baseurl 是仓库的位置。如果是本地配置为客户端，则要以 "file:/" 开头；如果库在 http 服务器上就按以下显示。

enabled 表示是否启用该仓库，1 为启用，0 为禁用。

gpgcheck=0 表示不检查 gpg key（如果是 CentOS 系统可以直接修改/etc/yum.conf 文件中的 gpgcheck=0）。

```
# CentOS-Base.repo
#
# The mirror system uses the connecting IP address of the client and the
# update status of each mirror to pick mirrors that are updated to and
# geographically close to the client. You should use this for CentOS updates
# unless you are manually picking other mirrors.
#
# If the mirrorlist= does not work for you, as a fall back you can try the
# remarked out baseurl= line instead.
#
#
[base]
name=CentOS-$releasever - Base - liuxin.com
baseurl=http://192.168.24.1/centos/$releasever/os/$basearch/
#mirrorlist=http://mirrorlist.centos.org/?release=$releasever&arch=$basearch&repo=os
gpgcheck=1
gpgkey=http://192.168.24.1/centos/RPM-GPG-KEY-CentOS-5
#released updates
[updates]
name=CentOS-$releasever - Updates - liuxin.com
baseurl=http://192.168.24.1/centos/$releasever/updates/$basearch/
#mirrorlist=http://mirrorlist.centos.org/?release=$releasever&arch=$basearch&repo=updates
gpgcheck=1
gpgkey=http://192.168.24.1/centos/RPM-GPG-KEY-CentOS-5
#packages used/produced in the build but not released
[addons]
name=CentOS-$releasever - Addons - liuxin.com
```

```
baseurl=http://192.168.24.1/centos/$releasever/addons/$basearch/
#mirrorlist=http://mirrorlist.centos.org/?release=$releasever&arch=$basearch&repo=addons
gpgcheck=1
gpgkey=http://192.168.24.1/centos/RPM-GPG-KEY-CentOS-5
#additional packages that may be useful
[extras]
name=CentOS-$releasever - Extras - liuxin.com
baseurl=http://192.168.24.1/centos/$releasever/extras/$basearch/
#mirrorlist=http://mirrorlist.centos.org/?release=$releasever&arch=$basearch&repo=extras
gpgcheck=1
gpgkey=http://192.168.24.1/centos/RPM-GPG-KEY-CentOS-5
#additional packages that extend functionality of existing packages
[centosplus]
name=CentOS-$releasever - Plus - liuxin.com
baseurl=http://192.168.24.1/centos/$releasever/centosplus/$basearch/
#mirrorlist=http://mirrorlist.centos.org/?release=$releasever&arch=$basearch&repo=centosplus
gpgcheck=1
enabled=0
gpgkey=http://192.168.24.1/centos/RPM-GPG-KEY-CentOS-5
#contrib - packages by Centos Users
[contrib]
name=CentOS-$releasever - Contrib - liuxin.com
baseurl=http://192.168.24.1/centos/$releasever/contrib/$basearch/
#mirrorlist=http://mirrorlist.centos.org/?release=$releasever&arch=$basearch&repo=contrib
gpgcheck=1
enabled=0
gpgkey=http://192.168.24.1/centos/RPM-GPG-KEY-CentOS-5
```

接下来是配置 Centos 6.X 系列的/etc/yum.repos.d/CentOS-Base.repo。

```
# CentOS-Base.repo
```

```
    #
    # The mirror system uses the connecting IP address of the client and the
    # update status of each mirror to pick mirrors that are updated to and
    # geographically close to the client. You should use this for CentOS
updates
    # unless you are manually picking other mirrors.
    #
    # If the mirrorlist= does not work for you, as a fall back you can try the
    # remarked out baseurl= line instead.
    #
    #
    [base]
    name=CentOS-$releasever - Base - liuxin.com
    baseurl=http://192.168.24.1/centos/$releasever/os/$basearch/
    #mirrorlist=http://mirrorlist.centos.org/?release=$releasever&arch=$
basearch&repo=os
    gpgcheck=1
    gpgkey=http://192.168.24.1/centos/RPM-GPG-KEY-CentOS-6
    #released updates
    [updates]
    name=CentOS-$releasever - Updates - liuxin.com
    baseurl=http://192.168.24.1/centos/$releasever/updates/$basearch/
    #mirrorlist=http://mirrorlist.centos.org/?release=$releasever&arch=$
basearch&repo=updates
    gpgcheck=1
    gpgkey=http://192.168.24.1/centos/RPM-GPG-KEY-CentOS-6
    #additional packages that may be useful
    [extras]
    name=CentOS-$releasever - Extras - liuxin.com
    baseurl=http://192.168.24.1/centos/$releasever/extras/$basearch/
    #mirrorlist=http://mirrorlist.centos.org/?release=$releasever&arch=$
basearch&repo=extras
    gpgcheck=1
    gpgkey=http://192.168.24.1/centos/RPM-GPG-KEY-CentOS-6
```

```
#additional packages that extend functionality of existing packages
[centosplus]
name=CentOS-$releasever - Plus - liuxin.com
baseurl=http://192.168.24.1/centos/$releasever/centosplus/$basearch/
#mirrorlist=http://mirrorlist.centos.org/?release=$releasever&arch=$basearch&repo=centosplus
gpgcheck=1
enabled=0
gpgkey=http://192.168.24.1/centos/RPM-GPG-KEY-CentOS-6
#contrib - packages by Centos Users
[contrib]
name=CentOS-$releasever - Contrib - liuxin.com
baseurl=http://192.168.24.1/centos/$releasever/contrib/$basearch/
#mirrorlist=http://mirrorlist.centos.org/?release=$releasever&arch=$basearch&repo=contrib
gpgcheck=1
enabled=0
gpgkey=http://192.168.24.1/centos/RPM-GPG-KEY-CentOS-6
```

接下来是配置 Cent OS 5.X 的 /etc/yum.repos.d/rpmforge.repo。

```
[rpmforge]
name = RHEL $releasever - RPMforge.net - dag
baseurl = http://192.168.24.1/repoforge/redhat/el5/en/$basearch/rpmforge
enabled = 1
protect = 0
gpgkey=http://192.168.24.1/repoforge/RPM-GPG-KEY-rpmforge
gpgcheck = 1
[rpmforge-extras]
name = RHEL $releasever - RPMforge.net - extras
baseurl = http://192.168.24.1/repoforge/redhat/el5/en/$basearch/extras
enabled = 0
protect = 0
```

```
        gpgkey=http://192.168.24.1/repoforge/RPM-GPG-KEY-rpmforge
        gpgcheck = 1
        [rpmforge-testing]
        name = RHEL $releasever - RPMforge.net - testing
        baseurl =
http://192.168.24.1/repoforge/redhat/el5/en/$basearch/testing
        enabled = 0
        protect = 0
        gpgkey=http://192.168.24.1/repoforge/RPM-GPG-KEY-rpmforge
        gpgcheck = 1
```

接下来是配置 Cent OS 6.X 的/etc/yum.repos.d/rpmforge.repo。

```
        [rpmforge]
        name = RHEL $releasever - RPMforge.net - dag
        baseurl = http://192.168.24.1/repoforge/redhat/el6/en/$basearch/
rpmforge
        enabled = 1
        protect = 0
        gpgkey=http://192.168.24.1/repoforge/RPM-GPG-KEY-rpmforge
        gpgcheck = 1
        [rpmforge-extras]
        name = RHEL $releasever - RPMforge.net - extras
        baseurl = http://192.168.24.1/repoforge/redhat/el6/en/$basearch/
extras
        enabled = 0
        protect = 0
        gpgkey=http://192.168.24.1/repoforge/RPM-GPG-KEY-rpmforge
        gpgcheck = 1
        [rpmforge-testing]
        name = RHEL $releasever - RPMforge.net - testing
        baseurl = http://192.168.24.1/repoforge/redhat/el6/en/$basearch/
testing
        enabled = 0
        protect = 0
```

```
gpgkey=http://192.168.24.1/repoforge/RPM-GPG-KEY-rpmforge
gpgcheck = 1
```

最后是配置 Cent OS 5.X 的/etc/yum.repos.d/epel.repo。其实 epel 源用得比较多，可以直接下载 rpm 包装。

```
[epel]
name=Extra Packages for Enterprise Linux 5 - $basearch
baseurl=http://192.168.24.1/epel/5/$basearch
failovermethod=priority
enabled=1
gpgcheck=1
gpgkey =http://192.168.24.1/epel/RPM-GPG-KEY-EPEL-5
[epel-debuginfo]
name=Extra Packages for Enterprise Linux 5 - $basearch - Debug
baseurl=http://192.168.24.1/epel/5/$basearch/debug
failovermethod=priority
enabled=0
gpgkey =http://192.168.24.1/epel/RPM-GPG-KEY-EPEL-5
gpgcheck=1
[epel-source]
name=Extra Packages for Enterprise Linux 5 - $basearch - Source
baseurl=http://192.168.24.1/epel/5/SRPMS
failovermethod=priority
enabled=0
gpgkey =http://192.168.24.1/epel/RPM-GPG-KEY-EPEL-5
gpgcheck=1
```

接下来是配置 Cent OS 6.X 的/etc/yum.repos.d/epel.repo。

```
[epel]
name=Extra Packages for Enterprise Linux 6 - $basearch
baseurl=http://192.168.24.1/epel/6/$basearch
failovermethod=priority
enabled=1
gpgcheck=1
```

```
gpgkey =http://192.168.24.1/epel/RPM-GPG-KEY-EPEL-6
[epel-debuginfo]
name=Extra Packages for Enterprise Linux 6 - $basearch - Debug
baseurl=http://192.168.24.1/epel/6/$basearch/debug
failovermethod=priority
enabled=0
gpgkey =http://192.168.24.1/epel/RPM-GPG-KEY-EPEL-6
gpgcheck=1
[epel-source]
name=Extra Packages for Enterprise Linux 6 - $basearch - Source
baseurl=http://192.168.24.1/epel/6/SRPMS
failovermethod=priority
enabled=0
gpgkey =http://192.168.24.1/epel/RPM-GPG-KEY-EPEL-6
gpgcheck=1
```

CentOS 7.X 系列的并不常用，这里就不介绍了。接下来可以测试一下配置得是否正确。在一台服务器上配置（我使用的是 CentOS 6.X），进入目录/etc/yum.repos.d/，备份原有文件 mv /etc/yum.repos.d/CentOS-Base.repo /etc/yum.repos.d/CentOS-Base.repo.bak，然后编辑文件 CentOS-Base.repo，如下所示。

```
# CentOS-Base.repo
#
# The mirror system uses the connecting IP address of the client and the
# update status of each mirror to pick mirrors that are updated to and
# geographically close to the client. You should use this for CentOS updates
# unless you are manually picking other mirrors.
#
# If the mirrorlist= does not work for you, as a fall back you can try the
# remarked out baseurl= line instead.
#
#
[base]
```

```
name=CentOS-$releasever - Base - liuxin.com
baseurl=http://192.168.24.1/centos/$releasever/os/$basearch/
#mirrorlist=http://mirrorlist.centos.org/?release=$releasever&arch=$basearch&repo=os
gpgcheck=1
gpgkey=http://192.168.24.1/centos/RPM-GPG-KEY-CentOS-6
#released updates
[updates]
name=CentOS-$releasever - Updates - liuxin.com
baseurl=http://192.168.24.1/centos/$releasever/updates/$basearch/
#mirrorlist=http://mirrorlist.centos.org/?release=$releasever&arch=$basearch&repo=updates
gpgcheck=1
gpgkey=http://192.168.24.1/centos/RPM-GPG-KEY-CentOS-6
#additional packages that may be useful
[extras]
name=CentOS-$releasever - Extras - liuxin.com
baseurl=http://192.168.24.1/centos/$releasever/extras/$basearch/
#mirrorlist=http://mirrorlist.centos.org/?release=$releasever&arch=$basearch&repo=extras
gpgcheck=1
gpgkey=http://192.168.24.1/centos/RPM-GPG-KEY-CentOS-6
#additional packages that extend functionality of existing packages
[centosplus]
name=CentOS-$releasever - Plus - liuxin.com
baseurl=http://192.168.24.1/centos/$releasever/centosplus/$basearch/
#mirrorlist=http://mirrorlist.centos.org/?release=$releasever&arch=$basearch&repo=centosplus
gpgcheck=1
enabled=0
gpgkey=http://192.168.24.1/centos/RPM-GPG-KEY-CentOS-6
#contrib - packages by Centos Users
[contrib]
```

```
name=CentOS-$releasever - Contrib - liuxin.com
baseurl=http://192.168.24.1/centos/$releasever/contrib/$basearch/
#mirrorlist=http://mirrorlist.centos.org/?release=$releasever&arch=$basearch&repo=contrib
gpgcheck=1
enabled=0
gpgkey=http://192.168.24.1/centos/RPM-GPG-KEY-CentOS-6
```

编辑文件 rpmforge.repo 如下所示。

```
[rpmforge]
name = RHEL $releasever - RPMforge.net - dag
baseurl = http://192.168.24.1/repoforge/redhat/el6/en/$basearch/rpmforge
enabled = 1
protect = 0
gpgkey=http://192.168.24.1/repoforge/RPM-GPG-KEY-rpmforge
gpgcheck = 1
[rpmforge-extras]
name = RHEL $releasever - RPMforge.net - extras
baseurl = http://192.168.24.1/repoforge/redhat/el6/en/$basearch/extras
enabled = 0
protect = 0
gpgkey=http://192.168.24.1/repoforge/RPM-GPG-KEY-rpmforge
gpgcheck = 1
[rpmforge-testing]
name = RHEL $releasever - RPMforge.net - testing
baseurl = http://192.168.24.1/repoforge/redhat/el6/en/$basearch/testing
enabled = 0
protect = 0
gpgkey=http://192.168.24.1/repoforge/RPM-GPG-KEY-rpmforge
gpgcheck = 1
```

编辑文件 epel.repo 如下所示。

```
[epel]
name=Extra Packages for Enterprise Linux 6 - $basearch
baseurl=http://192.168.24.1/epel/6/$basearch
failovermethod=priority
enabled=1
gpgcheck=1
gpgkey =http://192.168.24.1/epel/RPM-GPG-KEY-EPEL-6
[epel-debuginfo]
name=Extra Packages for Enterprise Linux 6 - $basearch - Debug
baseurl=http://192.168.24.1/epel/6/$basearch/debug
failovermethod=priority
enabled=0
gpgkey =http://192.168.24.1/epel/RPM-GPG-KEY-EPEL-6
gpgcheck=1
[epel-source]
name=Extra Packages for Enterprise Linux 6 - $basearch - Source
baseurl=http://192.168.24.1/epel/6/SRPMS
failovermethod=priority
enabled=0
gpgkey =http://192.168.24.1/epel/RPM-GPG-KEY-EPEL-6
gpgcheck=1
```

执行 yum clean all 命令来清除当前 yum 缓存，执行 yum makecache 命令来缓存 yum 源中的软件包信息，执行 yum repolist 命令即可列出 yum 源中可用的软件包，如图 6-55 和图 6-56 所示。更新完以后你就可以使用 yum install php、yum install htop、yum install nginx 分别来测试以上 3 个源了。

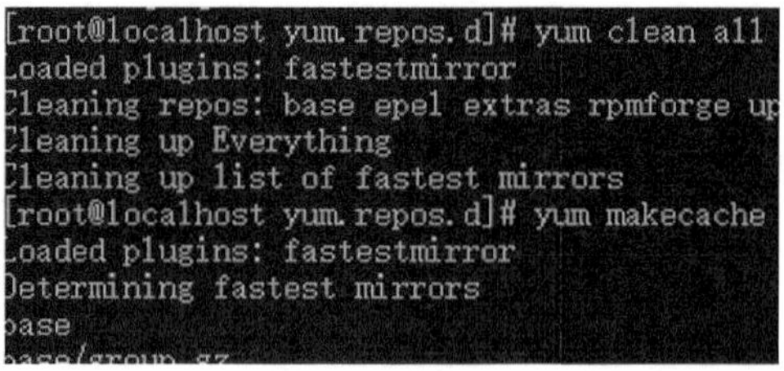

图 6-55

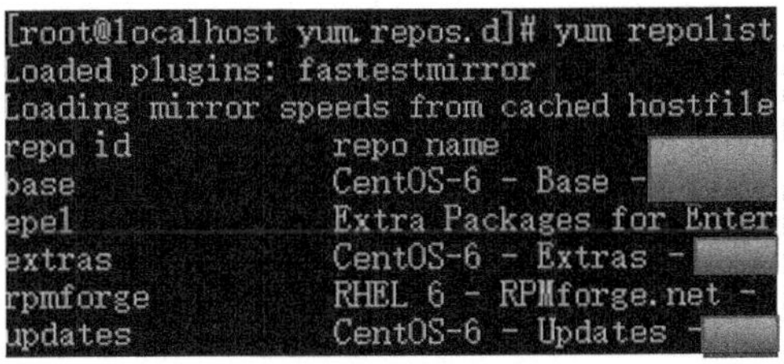

图 6-56

至于 rpm 包的制作及更新我在这里就不多说了，因为这个比较复杂。我的博客中有一个制作 dstat 的 rpm 包的例子，可供你参考，地址为 http://blog.chinaunix.net/uid_10915175-id-4755103.html。

6.6　FAQ

下面列举了一些常见问题及解决方法。

Q：安装完 Salt 后为什么不能通信？

A：一般我们使用的 Centos 系统里需要关闭 selinux，然后在 minion 端把防火墙 iptables 的 4505、4506 端口打开就行。

在 master 端的防火墙加入以下规则：

-I INPUT -s 1.1.1.0/24 -p tcp -m multiport --dports 4505,4506 -j ACCEPT

上面这行是确定哪个网段可以和 master 通信；

-A INPUT -i lo -p tcp -m multiport --dports 4505,4506 -j ACCEPT

上面这行是允许和 master 的 lo 回环口通信；

-A INPUT -p tcp -m multiport --dports 4505,4506 -j REJECT

上面这行是确定其他不允许和 master 的 4505 及 4506 端口有通信。

Q：每次运行 state.highstate 命令时，为什么脚本都会执行？

A：这个有可能是在创建 state 时用的是 cmd.run，而不是 cmd.wait。只有当监视对象的状态发生了变化时，cmd.wait 里的 state 才会执行。

Q：当运行 test.ping 时，为什么 minions 没有返回任何结果？

A：当运行 test.ping 时，master 告诉 minion 端去执行相应的命令或函数，minion 端等待接收返回的结果，如果有返回结果便会输出在屏幕上。如果 minion 端没有接收到任何返回数据，它将什么也不显示。

一种方法是加上详细输出选项（-v），这样当 minion 端运行命令超时无返回结果时就会显示"minionminion did not return"。

还有另外一种方法是使用 Salt-run manage.down 来确定 minion 端是不是已经 Down 掉。

升级一下 ZeroMQ 可以有效地减少这种情况的发生，毕竟官方现在还没有给出一个很好的解决方法。

6.7 小结

小鑫看完刘老师发过来的邮件，感觉使用 SaltStack 比较适合目前公司的情况，而且相对来说没那么复杂，最主要的是 Salt 及 Web-UI 还可以二次开发，看来以后能使用的还是挺多的。只是以现在的技术水平好像不能写出一个 Web 页面来显示 Salt 相关的信息，目前还是应该尽快学习一下 Python。

> # 第 7 章
> # 企业虚拟化之 KVM

"小鑫,最近公司的服务器数量增加了不少,成本上有些超预算了。你看看现在我们使用 PHP、Redis 这类消耗不同资源的应用是不是可以合并到一起,或者多个 PHP 应用能否合并到一起,这样我们就可以节省出大量服务器了。"

小鑫想了一下,现在公司的服务器的资源利用率确实不高。于是小鑫就准备想办法解决这个问题。

7.1 KVM 虚拟化

7.1.1 为什么要使用虚拟化

小鑫先查看了一下 PHP 服务器的使用情况。R720 上的 32GB 内存用得很少,E5-2650 的 CPU 使用率不足 30%,看来确实有点浪费了。如果一台服务器可以同时运行多个 PHP 应用的话,这样就可以节省很多设备了。小鑫不能确定这是一个很好的解决方案,于是给刘老师发了封邮件请教一下。

刘老师:

您好!

感谢您上次和我说的自动化配置,由于我刚刚接触这方面的内容,所以目前并没有很快进展,但我看 Salt 和 Puppet 在配置方面还是比较类似的,所以现在也在逐步转换。

目前有个问题,我这边有很多应用,比如 PHP 是单独放在一台服务器上的,但这样相对来说比较浪费资源，所以我想把几个 PHP 放在一台服务器上或者将多个 PHP 和 Redis 合并，您看行吗？我担心几个 PHP 放在一台服务器里会出现抢资源的情况。以前您说过使用虚拟化来工作，麻烦您和我说说虚拟化方面的事，谢谢。

小鑫发完邮件后就去查找资料了。晚上小鑫收到了刘老师的回复邮件。

小鑫：

你好！

根据你说的情况，如果你公司的服务器的硬件配置相对较高的话，可以同时运行多个 PHP 实例，或者把 PHP 池扩大一些也是可以的。不过不建议你把多个业务应用放到一个 PHP 池里。另外，如果你公司的服务器硬件条件允许的话，建议你实行虚拟化。关于 Xen、KVM、Vmware 虚拟化的介绍及一些特点，你可以登录我的博客查阅或下载。《传统行业中小企业虚拟化技术交流》PPT 是我以前做的，可以让你了解一些虚拟化的知识，具体的网址是 http://blog.chinaunix.net/ uid-10915175-id-4433631.html。

采用虚拟化可以大大提高服务器硬件和系统资源的使用率，从而节省成本。

至于你说的将多个 PHP 和 Redis 合并的事，如果你设定各项为最大值，那么就不会互抢资源了。前提是你的物理服务器资源足够，不然就会出现死机的情况。

我不太清楚你公司的应用架构及网络情况，理论上讲使用 PHP 的主机在网络 IO 方面负载不是很大，但如果做大数据的话可能在 Redis 方面的网络 IO 负载就很大了，所以在虚拟化方面需要做较多的调整，下面会陆续介绍。

7.1.2 KVM 虚拟化的安装

关于 KVM 虚拟机的一些名词概念这里就不介绍了，我已经大概总结了一下，你可以通过访问我的博客 http://blog.chinaunix.net/uid-10915175-id-4596735.html 来了解。

这里顺便提一下现在比较流行的 Docker，因为实在太新了，此处不作更多介绍。你可以多去了解相关资料，说不定它将是未来主流的工具。

接下来，介绍 KVM 的安装。首先服务器要打开虚拟化的设置（如果是一台新的 DELL 服务器，一般默认打开了虚拟化的设置且 CPU 都支持），因为我用的是最小化安装 CentOS 6.4 和 6.5 来做虚拟化，所以直接可以通过 yum 来安装所需要的包。yum install　qemu-kvm.x86_64　qemu-kvm-tools.x86_64　　libvirt.x86_64 libvirt-cim.x86_64 libvirt-client.x86_64 libvirt-java.noarch libvirt-python.x86_64　libiscsi-1.7.0-5.el6.x86_64　dbus-devel　virt-clone tunctl。

virt-manager virt-viewer 这类包没有安装，因为我不需要图形。如果需要图形的话，可能要使用 yum install kvm kmod-kvm kvm-qemu-img libvirt python-virtinst virt-manager virt-viewer bridge-utils tunctl qemu-kvm.x86_64 qemu-kvm-tools.x86_64 libvirt.x86_64 libvirt-cim.x86_64 libvirt-client.x86_64 libvirt-java.noarch libvirt-python.x86_64 libiscsi-1.7.0-5.el6.x86_64 dbus-devel 命令去安装。

或者直接使用 yum groupinstall KVM 命令即可。

在这些软件都安装完后重启服务器，然后看看系统是否加载了 kvm 模块，可以使用 lsmod |grep kvm 命令，如图 7-1 所示。如果只是出现 KVM 这一行的话，就很有可能是 BIOS 没有开启虚拟化，你可以访问我的博客 http://blog.chinaunix.net/uid-10915175-id-5000119.html，看看 DELL 常用服务器开启虚拟化的方法。

```
[root@master ~]# lsmod |grep kvm
kvm_intel              85256  2
kvm                   225952  2 ksm,kvm_intel
```

图 7-1

使用下列命令开启 libvirtd 相关服务，并加到启动项里。版本低的系统可以使用最后两行来禁用 NM 服务。另外，在网卡的配置文件里也可以加上 NM_CONTROLLED=no。

```
/etc/init.d/messagebus restart
/etc/init.d/libvirtd restart
chkconfig libvirtd on
chkconfig messagebus on
chkconfig NetworkManager off
service NetworkManager stop
```

接下来是配置网卡，其中网桥可以配置多个（因为内外网各一个）。

首先编辑网桥的配置文件 ifcfg-br0（网桥下面的章节中会有详细说明）。

```
DEVICE=br0
TYPE=Bridge
ONBOOT=yes
BOOTPROTO=static
NM_CONTROLLED=no
IPADDR=192.168.1.1
```

```
NETMASK=255.255.255.0
DELAY=0
```

接下来编辑第一块网卡 ifcfg-em1（原 eth0），网卡的名称错乱可以通过修改文件 /etc/udev/rules.d/70-persistent-net.rules 来修改。关于更改网卡名称的操作方法你可以参考我的博客 http://blog.chinaunix.net/uid-10915175-id-4596286.html，具体怎么用 udev 来管理 Linux 设备文件可以参考我的博客 http://blog.chinaunix.net/uid-10915175-id-4586186.html。

```
DEVICE=em1
ONBOOT=yes
TYPE=Ethernet
BOOTPROTO=none
NM_CONTROLLED=yes
USERCTL=no
BRIDGE=br0
```

这样网卡就配置成功了，其他的网卡可以参考以上命令来修改。设置好网卡后在 /etc/rc.local 里加上以下内容，它们是虚拟机需要的各个驱动。

```
modprobe virtio
modprobe virtio_ring
modprobe virtio_pci
modprobe virtio_net
modprobe virtio_blk
modprobe virtio_ballon
```

以上就是 KVM 的安装方法。因为使用的是网桥，所以 iptabless 在 KVM 物理机上是可以停用的。

自带的网桥是在使用 NAT 时使用的，所以这里 virbr0 也可以删除不使用。使用下面的命令，这样在 ifconfig 后就不会再看到 virbr0 这块网卡了。

```
virsh net-destroy default
virsh net-undefine default
service libvirtd restart
```

7.1.3　KVM 虚拟机的安装

KVM 虚拟化都安装好之后，就可以准备安装系统了，我先简单地和你说一下过程。

通过 Xmanager（前面的内容有介绍）打开 KVM 的管理界面，如图 7-2 所示。

图 7-2

图 7-3 所示为创建的新虚拟机命名以及选择安装系统的方式。因为这里我是直接上传 ISO 文件到系统，使用的是 ISO 文件，所以选择"本地安装介质"，如图 7-3 所示。

图 7-3

这里选择使用 ISO 映像，然后依次单击浏览、本地浏览来找到你的 ISO 文件的位置。选择好 ISO 文件后，再选择安装系统的类型即可，如图 7-4 和图 7-5 所示。

图 7-4

图 7-5

接下来就是配置虚拟机的内存和 CPU，根据具体情况来设定吧。因为这里是实验案例，所以任意写个数值就行，如图 7-6 所示。

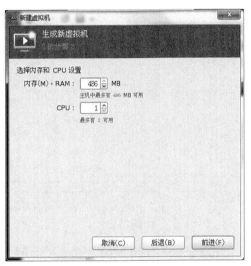

图 7-6

接下来是虚拟机使用的硬盘，因为我这里是全新的，所以依次选择下面的浏览、新建卷，然后写上名称、格式以及容量大小即可完成，如图 7-7～图 7-10 所示。

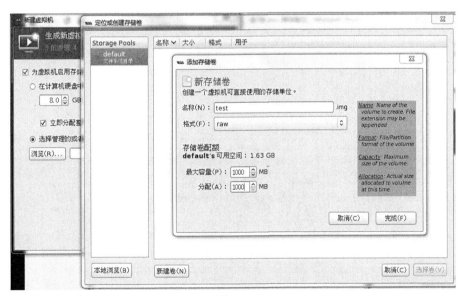

图 7-7

图 7-8

图 7-9

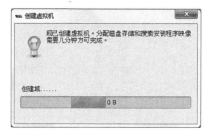

图 7-10

如果设置完成，可以单击"完成"按钮。然后就进入正式安装系统的过程了，如图7-11和图7-12所示。关于系统安装过程这里就不多说了，和安装其他系统的操作类似，相信你已经非常熟悉。

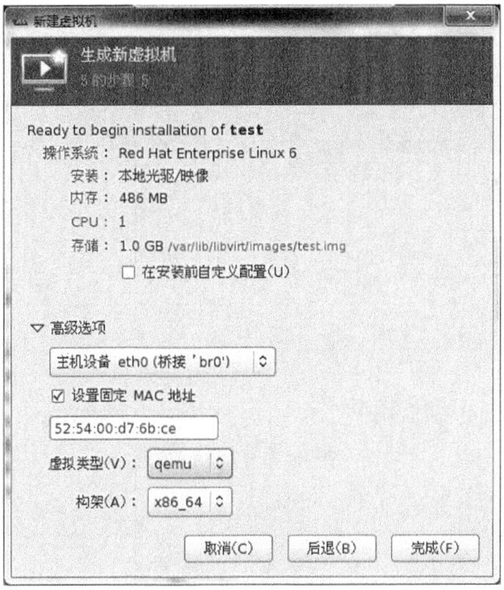

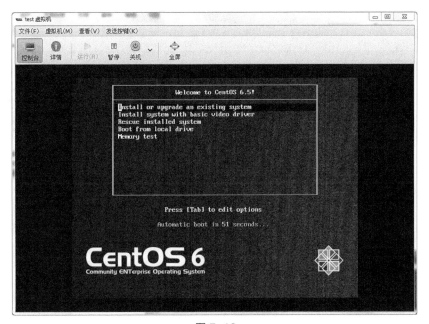

图 7-11

图 7-12

图 7-13 是管理控制台，这里可以显示已经存在的虚拟机的状态及各资源的使用情况。

图 7-13

还有另一种常用的安装方式，就是使用 VNC。先在系统中运行 VNC，如图 7-14～图 7-16 所示。这样你就可以通过 VNC 来连接安装系统了，如图 7-17 和图 7-18 所示。

有关 nographics 的安装方式此处不多说了。

这里简单说明一下图 7-14 中的参数。

- --name：用于指定虚拟机名称。

- --ram：用于分配内存大小。

- --vcpus：用于分配 CPU 核心数，最大与实体机 CPU 核心数相同。

- --disk：用于指定虚拟机镜像，size 表示指定分配大小，单位为 G。不过因为这里是实验，所以设置的数值比较小。

- --network：用于指定网络类型，此处用的是默认值，一般设为 bridge 桥接。

- --cdrom：用于指定安装镜像 ISO。

- --vnc：用于启用 VNC 远程管理，一般安装系统都要启用。
- --vncport：用于指定 VNC 监控端口，默认端口为 5900，端口不能重复。
- --vnclisten：用于指定 VNC 绑定 IP，默认绑定 127.0.0.1，这里改为 0.0.0.0 或者是本机的 IP。

```
[root@master images]# virt-install --name=test02 --ram 512 --vcpus=1 --disk path
=/var/lib/libvirt/images/test02.img,size=0.3 --cdrom /root/65.iso --vnc --vncpor
t=5910 --vnclisten=0.0.0.0 --network bridge=br0,model=virtio
WARNING  KVM acceleration not available, using 'qemu'

开始安装......
创建域......                                       |    0 B     00:00
无法打开显示:
运行 'virt-viewer --help' 来查看可用命令行选项的完整列表
域安装仍在进行。您可以重新连接
到控制台以便完成安装进程。
[root@master images]#
```

图 7-14

```
[root@master images]# pg vnc
qemu      2687     1 32 15:03 ?        00:00:32 /usr/libexec/qemu-kvm -name test
02 -S -M rhel6.6.0 -no-kvm -m 512 -realtime mlock=off -smp 1,sockets=1,cores=1,t
hreads=1 -uuid 00ea12eb-5d86-465f-8a01-f95ed227e60e -nodefconfig -nodefaults -ch
ardev socket,id=charmonitor,path=/var/lib/libvirt/qemu/test02.monitor,server,now
ait -mon chardev=charmonitor,id=monitor,mode=control -rtc base=utc -no-reboot -n
o-shutdown -device ich9-usb-ehci1,id=usb,bus=pci.0,addr=0x4.0x7 -device ich9-usb
-uhci1,masterbus=usb.0,firstport=0,bus=pci.0,multifunction=on,addr=0x4 -device i
ch9-usb-uhci2,masterbus=usb.0,firstport=2,bus=pci.0,addr=0x4.0x1 -device ich9-us
b-uhci3,masterbus=usb.0,firstport=4,bus=pci.0,addr=0x4.0x2 -drive file=/var/lib/
libvirt/images/test02.img,if=none,id=drive-virtio-disk0,format=raw,cache=none -d
evice virtio-blk-pci,scsi=off,bus=pci.0,addr=0x5,drive=drive-virtio-disk0,id=vir
tio-disk0,bootindex=2 -drive file=/root/65.iso,if=none,media=cdrom,id=drive-ide0
-1-0,readonly=on,format=raw -device ide-drive,bus=ide.1,unit=0,drive=drive-ide0-
1-0,id=ide0-1-0,bootindex=1 -netdev tap,fd=23,id=hostnet0,vhost=on,vhostfd=24 -d
evice virtio-net-pci,netdev=hostnet0,id=net0,mac=52:54:00:d4:80:62,bus=pci.0,add
r=0x3 -chardev pty,id=charserial0 -device isa-serial,chardev=charserial0,id=seri
al0 -vnc 0.0.0.0:10 -vga cirrus -device virtio-balloon-pci,id=balloon0,bus=pci.0
,addr=0x6 -msg timestamp=on
```

图 7-15

```
[root@master ~]# virt-install --name=test02 --ram 512 --vcpus=1 --disk path=/var/lib/libvirt/images/test02.img,size=0.3  --cdrom /root/65.iso --vnc --vncport
=5910 --vnclisten=192.168.1.200 --network bridge=br0,model=virtio
WARNING  KVM acceleration not available, using 'qemu'

开始安装......
创建域......                                                                                                            |    0 B     00:00
无法打开显示:
运行 'virt-viewer --help' 来查看可用命令行选项的完整列表
域安装仍在进行。您可以重新连接
到控制台以便完成安装进程。
[root@master ~]# pg vnc
qemu      2289     1  5 16:26 ?        00:00:01 /usr/libexec/qemu-kvm -name test02 -S -M rhel6.6.0 -no-kvm -m 512 -realtime mlock=off -smp 1,sockets=1,cores=
1,threads=1 -uuid c2881988-8d4e-af75-1a14-e96c7970cb9d -nodefconfig -nodefaults -chardev socket,id=charmonitor,path=/var/lib/libvirt/qemu/test02.monitor,serv
er,nowait -mon chardev=charmonitor,id=monitor,mode=control -rtc base=utc -no-reboot -no-shutdown -device ich9-usb-ehci1,id=usb,bus=pci.0,addr=0x4.0x7 -device
 ich9-usb-uhci1,masterbus=usb.0,firstport=0,bus=pci.0,multifunction=on,addr=0x4 -device ich9-usb-uhci2,masterbus=usb.0,firstport=2,bus=pci.0,addr=0x4.0x1 -de
vice ich9-usb-uhci3,masterbus=usb.0,firstport=4,bus=pci.0,addr=0x4.0x2 -drive file=/var/lib/libvirt/images/test02.img,if=none,id=drive-ide0-0-0,format=raw,ca
che=none -device ide-drive,bus=ide.0,unit=0,drive=drive-ide0-0-0,id=ide0-0-0,bootindex=2 -drive file=/root/65.iso,if=none,media=cdrom,id=drive-ide0-1-0,reado
nly=on,format=raw -device ide-drive,bus=ide.1,unit=0,drive=drive-ide0-1-0,id=ide0-1-0,bootindex=1 -netdev tap,fd=23,id=hostnet0,vhost=on,vhostfd=24 -device v
irtio-net-pci,netdev=hostnet0,id=net0,mac=52:54:00:d7:c6:b5,bus=pci.0,addr=0x3 -chardev pty,id=charserial0 -device isa-serial,chardev=charserial0,id=serial0
-vnc 192.168.1.200:10 -vga cirrus -device virtio-balloon-pci,id=balloon0,bus=pci.0,addr=0x5 -msg timestamp=on
```

图 7-16

图 7-17

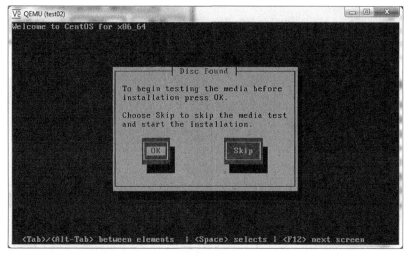

图 7-18

以上就是安装系统常用的方式。在使用 VNC 时，要注意防火墙和 Selinux 的设置或者关闭。

7.1.4　KVM 虚拟机的日常管理

图 7-19 是 KVM 默认的安装路径，但 libvirt 的一些配置是在/etc/libvirt 下进行的，如图 7-20 所示。

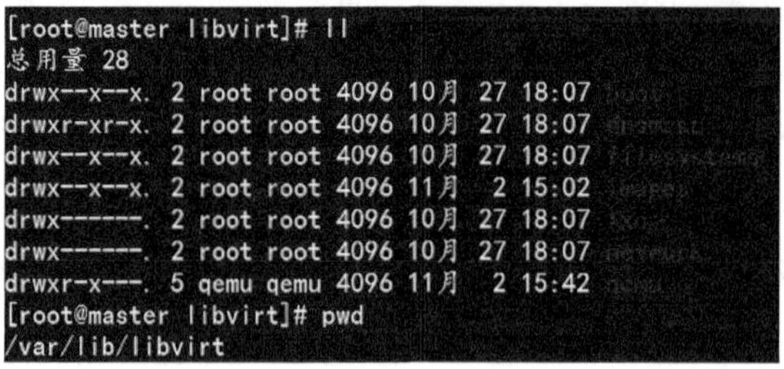

图 7-19

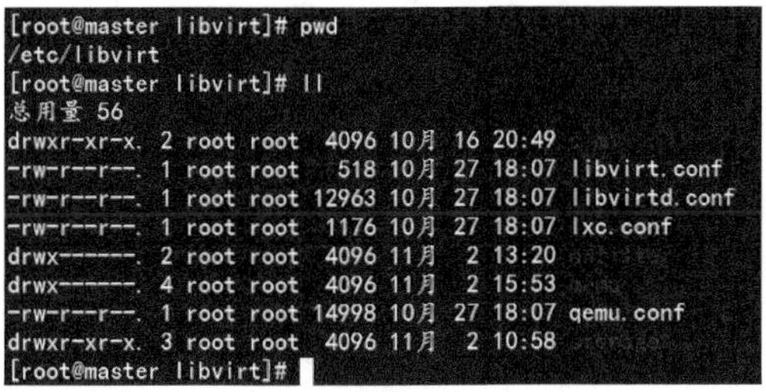

```
[root@master libvirt]# pwd
/etc/libvirt
[root@master libvirt]# ll
总用量 56
drwxr-xr-x. 2 root root  4096 10月 16 20:49
-rw-r--r--. 1 root root   518 10月 27 18:07 libvirt.conf
-rw-r--r--. 1 root root 12963 10月 27 18:07 libvirtd.conf
-rw-r--r--. 1 root root  1176 10月 27 18:07 lxc.conf
drwx------. 2 root root  4096 11月  2 13:20
drwx------. 4 root root  4096 11月  2 15:53
-rw-r--r--. 1 root root 14998 10月 27 18:07 qemu.conf
drwxr-xr-x. 3 root root  4096 11月  2 10:58
[root@master libvirt]#
```

图 7-20

KVM 虚拟机默认配置文件位于 autostart 目录，它是配置 KVM 虚拟机开机自启动目录，如图 7-21 所示。

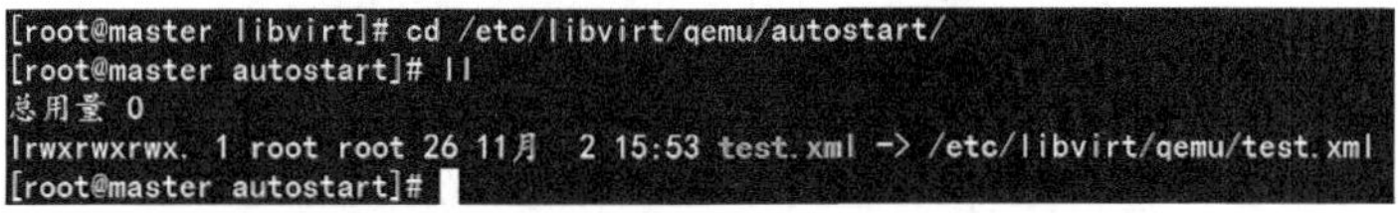

```
[root@master libvirt]# cd /etc/libvirt/qemu/autostart/
[root@master autostart]# ll
总用量 0
lrwxrwxrwx. 1 root root 26 11月  2 15:53 test.xml -> /etc/libvirt/qemu/test.xml
[root@master autostart]#
```

图 7-21

用户可以使用命令行来配置使用或者关闭 autostart。

```
virsh autostart test
virsh autostart --disable test
```

使用 virsh list –all 命令查看 KVM 虚拟机状态，如图 7-22 所示。

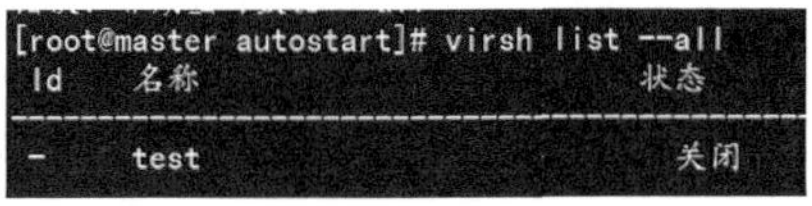

```
[root@master autostart]# virsh list --all
 Id    名称                           状态
----------------------------------------------------
 -     test                           关闭
```

图 7-22

KVM 虚拟机开机命令为 virsh start test，如图 7-23 所示。

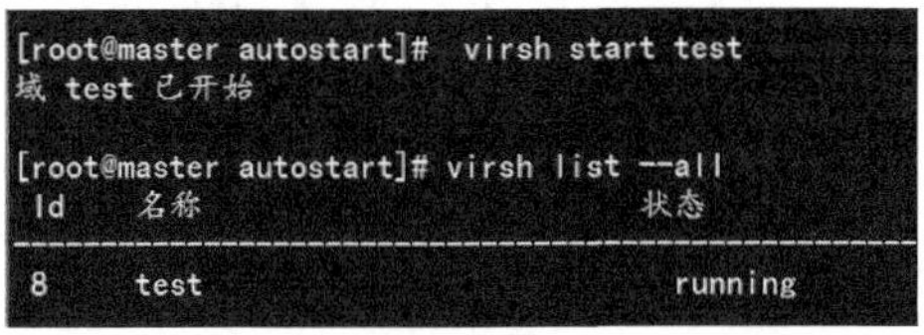

```
[root@master autostart]#  virsh start test
域 test 已开始

[root@master autostart]# virsh list --all
 Id    名称                           状态
----------------------------------------------------
 8     test                           running
```

图 7-23

下面介绍 KVM 虚拟机的关机或断电操作。

默认情况下，virsh 工具不能对 Linux（Centos）虚拟机进行关机操作，Linux 操作系统需要开启与启动 acpid 服务。在安装完 KVM Linux（Centos）虚拟机后配置此服务，命令如下。

```
yum -y install acpid
service acpid restart
chkconfig acpid on
```

virsh 关机，使用 virsh shutdown test 命令完成；强制关闭电源，使用 virsh destroy test 命令完成，如图 7-24 所示。

图 7-24

导出 KVM 虚拟机的配置文件可以使用 virsh dumpxml test > /tmp/bak1.xml 命令，如图 7-25 所示。这也算是 KVM 虚拟机配置文件进行备份的一种方式，当然备份 KVM 虚拟机的同时备份 Img 文件。

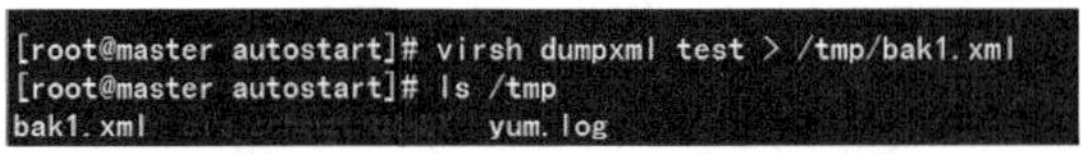

图 7-25

删除 KVM 虚拟机可以使用 virsh undefine test 命令，如图 7-26 所示。

图 7-26

重新定义虚拟机，也就是在有配置文件和 Img 文件的情况下，通过导入即可添加虚拟机，如图 7-27 所示。

用户可以使用 virsh edit test 命令来编辑 KVM 虚拟机，如图 7-28 所示。在导入以前可以使用 vi 编辑完成后再导入。和其他虚拟化一样，KVM 也有挂起和恢复的命令，不过在线上并不经常用，所以此处就不介绍了。你可以通过 virsh suspend test 命令和 virsh resume test 命令自己来进行实验。

图 7-27

图 7-28

7.1.5 KVM 终端 Consle 控制台

安装完系统后，除了系统的常用配置外，一定要给系统配置一个 KVM 虚拟机控制台。控制台和 Xen 是一样的，通过字符界面来管理 Linux 虚拟机；只是在默认情况下该控制台是没有的，需要修改相应的文件才可以实现。

首先是添加 ttyS0 的许可，允许 root 登录 echo "ttyS0" >> /etc/securetty，如图 7-29 所示。

图 7-29

然后在/etc/grub.conf 文件中的内核行添加参数 console=ttyS0，如图 7-30 所示。

```
default=0
timeout=5
splashimage=(hd0,1)/boot/grub/splash.xpm.gz
hiddenmenu
title CentOS (2.6.32-431.el6.x86_64)
        root (hd0,1)
        kernel /boot/vmlinuz-2.6.32-431.el6.x86_64 ro root=UUID=866e2b6b-0c67-4e
4a-a5fd-a3e3a5faa82d nomodeset rd_NO_LUKS  KEYBOARDTYPE=pc KEYTABLE=us rd_NO_MD
crashkernel=auto LANG=zh_CN.UTF-8 rd_NO_LVM rd_NO_DM rhgb quiet console=ttyS0
        initrd /boot/initramfs-2.6.32-431.el6.x86_64.img
```

图 7-30

接着在/etc/inittab 中添加 S0:12345:respawn:/sbin/agetty ttyS0 115200，如图 7-31 所示。全部配置好以后就可以重启虚拟机了。重启后就可以在母机上使用 Console 来管理虚拟机了，如图 7-32 所示。

```
# Run gettys in standard runlevels
1 2345 respawn /sbin/mingetty tty1
2 2345 respawn /sbin/mingetty tty2
3 2345 respawn /sbin/mingetty tty3
4 2345 respawn /sbin/mingetty tty4
5 2345 respawn /sbin/mingetty tty5
6 2345 respawn /sbin/mingetty tty6
S0 12345 respawn /sbin/agetty ttyS0 115200
# Run xdm in runlevel 5
```

图 7-31

```
virsh # list --all
 Id    Name                           State
----------------------------------------------------
 19    wuyi201                        running
 41    yunwei244                      running
 48    om251                          running
 49    om252                          running
 50    om253                          running
 62    test241                        running
 63    test242                        running
 64    test243                        running
 65    5.8test                        running
 67    om250                          running
 -     centos5.8                      shut off
 -     centos6.5                      shut off
 -     centos6.5_ymf                  shut off
 -     yunwei245                      shut off
 -     yunwei246                      shut off

virsh # console 48
Connected to domain om251
Escape character is ^]

CentOS release 5.8 (Final)
Kernel 2.6.18-308.el5 on an x86_64

om251 login:
```

图 7-32

这是 Centos 的配置方法，还有关于 Debian 系统的配置，你可以参考我的博客 http://blog.chinaunix.net/uid-10915175-id-4419075.html。配置完这些后，重启 KVM 虚拟机即可。

7.1.6　KVM 虚拟机 Clone

顾名思义，Clone 就是克隆一个虚拟机。这里要强调一下，这个克隆和复制虽然说都可以达到相同的目的（快速创建一个虚拟机），但是一定要记住，这两种方法在 Img 文件中占用空间不同，下面分别进行介绍。

使用 virt-clone --connect=qemu:///system -o base -n test -f /var/lib/libvirt/images/ test.img 命令即可克隆一个虚拟机，而且是可以直接 virsh 管理，并不像复制那样还需要导入后才可以管理。

这里的-o 表示旧的虚拟机名称，-n 表示新的虚拟机名称，-f 表示新的虚拟机路径。

首先看一下虚拟机的情况，如图 7-33～图 7-35 所示。我们这里克隆名称为 centos5-mb 虚拟机。从图 7-34 和图 7-35 中看出，已用 391GB，相应的/opt 还有 793GB 可用空间。

图 7-33

图 7-34

```
[root@master ~]# df
Filesystem      Size  Used Avail Use% Mounted on
/dev/sdc2       284G   78G  192G  29% /
/dev/sdc4       1.4T  560G  793G  42% /opt
/dev/sdc3        95G  188M   90G   1% /home
/dev/sdc1        97M   18M   74M  20% /boot
tmpfs            32G     0   32G   0% /dev/shm
```

图 7-35

图 7-36 所示是克隆的过程，有近 400GB 需克隆，克隆还是需要一定时间的。

```
[root@master images]# virt-clone --connect=qemu:///system -o centos5-mb -n test -f /opt/vm/images/test.img
Cloning /opt/vm/images/ce   0% [         ] 228 MB/s | 839 MB   29:07 ETA
```

图 7-36

图 7-37 和图 7-38 所示为克隆 test 虚拟机后的结果。可以看到虽然增加了一个近 400GB 的 test 虚拟机，但是 /opt 的空间并没有增加多少（以 GB 为单位查看并没有增加）。

```
[root@master images]# virt-clone --connect=qemu:///system -o centos5-mb -n test -f /opt/vm/images/test.img
Cloning /opt/vm/images/centos5-mb.img                | 391 GB   19:20

Clone 'test' created successfully.
[root@master images]# virsh list --all
 Id Name                 State
----------------------------------
  4 centos5-161bak       running
  5 centos5-164          running
  - centos5-162          shut off
  - centos5-163          shut off
  - centos5-mb           shut off
  - centos5.4-yh         shut off
  - test                 shut off
  - Winxp                shut off
```

图 7-37

```
[root@master images]# df
Filesystem      Size  Used Avail Use% Mounted on
/dev/sdc2       284G   78G  192G  29% /
/dev/sdc4       1.4T  562G  791G  42% /opt
/dev/sdc3        95G  188M   90G   1% /home
/dev/sdc1        97M   18M   74M  20% /boot
tmpfs            32G     0   32G   0% /dev/shm
[root@master images]# ll /opt/vm/images/test.img
-rwxr-xr-x 1 root root 391G Nov  4 12:26 /opt/vm/images/test.img
```

图 7-38

这只是在一台服务器上，如果是在另外一台服务器上，一般大家的想法是直接 cp 过去。如果是这样，直接就占用实际文件大小空间了，所以还是建议 Clone 一下。很简单，把 B 挂到 A 上，在 A 上 Clone 一个，路径是 NFS 中挂载 B 的目录。在 B 上改一下虚拟机的配置文件即可。这个比较实用，就是麻烦一点。当然，如果你先做好一个小的模板，然后将其复制再扩展也可以，视实际情况而定。

7.1.7　KVM 镜像文件管理

既然说到了 Img 文件，就再介绍一下 KVM 虚拟机使用的文件格式。目前它支持的文件格式比较多，如 parallels、qcow2、vvfat、vpc、bochs、dmg、cloop、vmdk、qcow、cow、host_device 和 raw。常用的主要有两种格式，一种是 qcow2，另一种是 raw。

qcow2 是 KVM 支持的磁盘镜像格式，它本身会记录一些内部块分配的信息，所以会占用更小的虚拟硬盘空间（尤其是宿主分区不支持 hole 的情况，不过目前这种情况比较少）。它还支持写时复制（copy-on-write，COW）、加密（AES 加密）、压缩（基于 zlib 的压缩）、快照等功能。

raw 格式是原始镜像，会直接当作一个块设备给虚拟机来使用。至于文件里面的空洞则是由宿主机的文件系统来管理的，Linux 下的文件系统可以很好地支持空洞的特性。它的效率高于 qcow2，可以直接读写虚拟机硬盘里面的文件，并且通用性好，是转为其他虚拟机格式的通用中间格式，这样就不用担心转换虚拟机系统了。

raw 的缺点在于，ls 看起来很大，在复制的时候会消耗很多网络 IO，而打包这么大的文件也会消耗更多的时间和 CPU。一个解决方法是把 raw 格式转换成 qcow2 格式，对空间压缩就很大了，而且速度很快，命令如下。

```
qemu-img convert -O qcow2 disk.raw disk.qcow2
qemu-img convert -O raw disk.qcow2 disk.raw
```

qemu-img 是 QEMU 的磁盘管理工具，在 qemu-kvm 源码编译后就会默认编译好 qemu-img 这个二进制文件。下面介绍 qemu-img 中最常用的命令。

图 7-39 是查看镜像/opt/vm/images/test.img 的相关信息。

```
[root@master images]# qemu-img info /opt/vm/images/test.img
image: /opt/vm/images/test.img
file format: raw
virtual size: 391G (419430400000 bytes)
disk size: 2.2G
```

图 7-39

图 7-40 为创建镜像文件，格式为 raw，文件名为 test2.img，大小为 1GB。用户也可以创建为 test2.raw，以此来区别创建的格式。

```
[root@master images]# qemu-img create -f raw test2.img 1G
Formatting 'test2.img', fmt=raw, size=1048576 kB
```

图 7-40

图 7-41 所示为转化镜像的格式。

```
[root@master images]# qemu-img create -f raw test2.img 1G
Formatting 'test2.img', fmt=raw, size=1048576 kB
[root@master images]# qemu-img convert -O qcow2 test2.img  test2.q2
[root@master images]# qemu-img info test2.q2
image: test2.q2
file format: qcow2
virtual size: 1.0G (1073741824 bytes)
disk size: 140K
cluster_size: 65536
[root@master images]#
```

图 7-41

图 7-42 所示为对镜像文件大小的更改。

```
[root@master images]# qemu-img info test.img
image: test.img
file format: raw
virtual size: 1.0G (1073741824 bytes)
disk size: 1.0G
[root@master images]# qemu-img resize test.img  +1G
Image resized.
[root@master images]# qemu-img info test.img
image: test.img
file format: raw
virtual size: 2.0G (2147483648 bytes)
disk size: 1.0G
[root@master images]# qemu-img resize test.img  +1G
Image resized.
[root@master images]# qemu-img info test.img
image: test.img
file format: raw
virtual size: 3.0G (3221225472 bytes)
disk size: 1.0G
[root@master images]# qemu-img resize test.img  1G
Image resized.
[root@master images]# qemu-img info test.img
image: test.img
file format: raw
virtual size: 1.0G (1073741824 bytes)
disk size: 1.0G
[root@master images]#
```

图 7-42

另外，虚拟机的虚拟硬盘到底保留了多少宿主机的分区格式特点，比如宿主用 ext3，而虚拟机里则用 ext4，那么虚拟机里面的性能如何，是 ext3 的性能还是 ext4 的性能呢？根据取交集的原则，ext3 的性能应该是该虚拟机的最高上限，而不会有 ext4 提升的那部分。

理论上硬盘的最大性能>特定分区格式和系统所能利用的最大性能>虚拟机虚拟硬盘所能利用的最大性能>虚拟机中的操作系统和分区格式所能利用的最大性能。中间经过了这么多层，最终的性能不会太理想，所以要有一个如 lvm 之类的专门为虚拟机设置的格式来获得更高的性能。

7.1.8　KVM 虚拟机时间同步

在虚拟化的环境中，在虚拟机长时间的运行过程中，虚拟系统的时间会变得不准。一般情况下，我们的环境中都会有一个时间服务器，其他服务器包括虚拟机的时间都和这台时间服务器来同步，以达到我们环境中服务器的时间一致。

这里对时间服务器的配置就不多说了，你可以直接参考我的博客上以前的课件。这里先说一下修改虚拟机的配置文件。

默认情况下虚拟机使用的是 UTC 时间，因为我们需要 KVM 虚拟机和所在的宿主机时间同步，所以可以修改其 XML 配置文件，安装 UTC，改为 localtime，然后重启 KVM 虚拟机即可，如图 7-43 和图 7-44 所示。

```
<domain type='kvm'>
  <name>centos6.5_ymf1</name>
  <uuid>2bd7f795-0498-47c6-bdf2-6a6a60bff8e5</uuid>
  <memory unit='KiB'>8388608</memory>
  <currentMemory unit='KiB'>8388608</currentMemory>
  <vcpu placement='static'>8</vcpu>
  <os>
    <type arch='x86_64' machine='rhel6.5.0'>hvm</type>
    <boot dev='hd'/>
  </os>
  <features>
    <acpi/>
    <apic/>
    <pae/>
  </features>
  <clock offset='utc'/>
  <on_poweroff>destroy</on_poweroff>
  <on_reboot>restart</on_reboot>
  <on_crash>restart</on_crash>
```

图 7-43

```
<pae/>
</features>
<clock offset='localtime'/>
<on_poweroff>destroy</on_poweroff>
<on_reboot>restart</on_reboot>
<on_crash>restart</on_crash>
```

图 7-44

7.2 KVM 网络调整

KVM 经过上面的安装配置后,理论上可以直接使用了,并不需要调整太多的内容。不过在性能上,有些方面并不会达到最好,所以需要做一些调整。

7.2.1 KVM 网络简介

KVM 网络主要使用的是网桥,其他的我就不多说了。配置好网桥后(具体步骤见 7.1.2 节),就可以直接创建虚拟机了。

为了使虚拟机连接到主机层的物理网络,需要通过某种方式来共享物理机上的物理网卡。这里使用的网桥是名为 br0 的桥接设备,运行在这台物理机上的每个实例都可以使用 br0 桥接设备来访问网络,如图 7-45 所示。

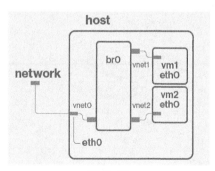

图 7-45

物理网桥或 vnet 端口都是位于桥接设备上。每个 vnet 都连接到网桥上，而网桥连接在 KVM 主机或虚拟系统的网卡上。通过图 7-45 可以看到，物理网卡 eth0 和 vnet0 为互连，虚拟机 vm1 中的 eth0 和 vnet1 互连，虚拟机 vm2 的 eth0 和 vnet2 互连。

这里要注意的是，vnet0、vnet1、vnet2 这些接口的编号没有实际意义，与任何设备都没有关系，只是一个编号而已。

用户可以使用 brctl show 命令来显示当前 KVM 的网络情况。它会列出网桥设备的名称和 ID，还生成树协议（STP）是否被禁用以及连接到网桥的所有接口，如图 7-46 所示。当使用虚拟机时，可以用 ifconfig 命令查看到 vnetX，如图 7-47 所示。

图 7-46

图 7-47

7.2.2 添加虚拟主机网卡

理解了物理网卡和虚拟机网卡的对应及使用情况后，对多网卡的情况下的调整会有所帮助。这里再介绍一下，如果物理机有两个网桥，且一个对内（br0），一个对外（br1）的情况下，虚拟机的配置方法。如果能使用 virt-manager 的话，可以直接使用图形界面添加；如果无图形界面，可以直接编辑其配置文件。首先找到第一块网卡的配置，执行 virsh edit XXX 命令搜索 inter，大概内容如下。

```
<interface type='bridge'>
  <mac address='52:54:00:ad:a4:d6'/>
  <source bridge='br0'/>
  <model type='virtio'/>
  <address type='pci' domain='0x0000' bus='0x00' slot='0x03' function='0x0'/>
</interface>
```

然后复制粘贴这 6 行，改一下 mac 地址使用的网桥（根据实际情况改写）及 slot（这里的 slot 确认其他硬件没有占用），这样就添加了一个对外的网桥。如果只是添加普通网卡的话，这里就不能写 br1 了，需要写上 eth0 这类名称。

```
<interface type='bridge'>
  <mac address='52:54:00:ad:a4:d7'/>
  <source bridge='br1'/>
  <model type='virtio'/>
  <address type='pci' domain='0x0000' bus='0x00' slot='0x05' function='0x0'/>
</interface>
```

7.2.3 KVM 网络框架 virtio

在上面编辑虚拟机配置文件时，可以看到虚拟机网卡的类型是 virtio。在介绍 virtio 之前，先简单地说一下完全虚拟化和半虚拟化的概念。

在完全虚拟化中，Guest 系统使用者并不会知道自己在使用的是虚拟化。这种模式因为要完全模拟硬件设备（如网络、硬盘等），所以相对来说，效率比较低。

半虚拟化正好与之相反，所以它的效率相对来说是比较高的，如图 7-48 所示。

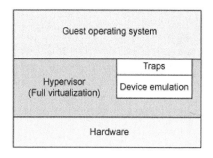
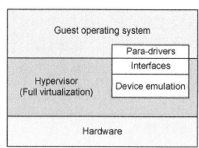

图 7-48

接下来再看看 virtio。它是虚拟环境下针对 I/O 虚拟化的最主要的一个通用框架，使用 QEMU 和 KVM 来进行虚拟的 I/O。也就是说，virtio 是半虚拟化管理程序中位于设备之上的抽象层，如图 7-49 所示。而 virtio 网卡则是挂载在 virtio 模拟的 PCI 总线上的一块虚拟网卡，速度最快，所以一般使用虚拟网卡的时候会选择 virtio。

图 7-49 展示了在有了半虚拟化管理程序（hypervisor）后，Guest 能够实现一组通用的接口，在一组后端驱动程序（管理程序中实现）之后采用特定的设备模拟。后端驱动程序不需要是通用的，因为它们只实现前端（Guest 操作系统中实现）所需的行为。

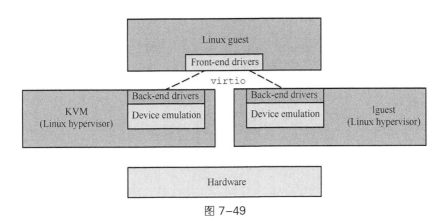

图 7-49

这里要注意的一点是，设备模拟是发生在使用 QEMU 的空间，因此后端驱动程序与 hypervisor 的用户空间交互，通过 QEMU 为 I/O 提供便利。

就像上面所说的，刚装完虚拟化环境在/etc/rc.local 里添加的那几个模块，它们都是块设备，比如磁盘、网络设备、PCI 模拟和 balloon 驱动程序。图 7-50 列出了 5 个前端驱动程序在 hypervisor 中对应的后端驱动程序。

所以在选择 KVM 中的网络设备时，一般优先选择半虚拟化的网络设备，而不是纯软件模拟的设备。因为可以提高网络吞吐量（thoughput）和降低网络延迟（latency），从而让客户机中网络达到几乎和原生网卡差不多的性能。

关于 virtio 更多的信息可以参考这篇文章 http://www.ibm.com/developerworks/cn/linux/1402_caobb_virtio/。

这里还要注意的一点是，在 CentOS 系统中这些模块在安装系统后就已经可以使用了（可以通过 lsmod | grep virtio 命令来查看）。如果采用 Gentoo 等需要定制内核的系统，则需要重新定制后才能正常使用。

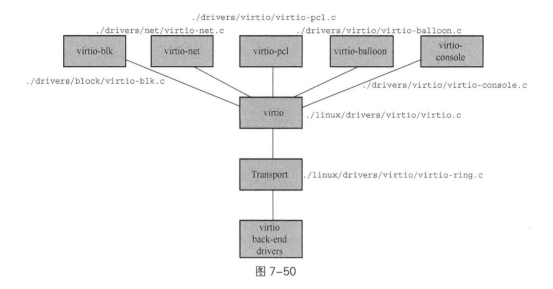

图 7-50

7.2.4 虚拟机网卡后端驱动

上面提到的 virtio 是在宿主机中的后端处理程序（backend），它一般是由用户空间的 QEMU 提供的。如果对于网络 I/O 请求的后端处理能够在内核空间来完成，显然效率会更高，会提高网络吞吐量和减少网络延迟。这里要注意 vhost-net 驱动模块，它是作为一个内核级别的后端处理程序，将 virtio-net 的后端处理任务放到内核空间中去执行，从而提高效率。

virtio-net 的配置相对来说简单，在虚拟的配置文件的网络部分进行以下相关的配置更改即可。指定后端驱动的名称为 qemu（而不是 vhost）。如果使用命令行，加上 vhost=off （或没有 vhost 选项）就会不使用 vhost-net 了。

```
<interface type="network">
...
<model type="virtio"/>
<driver name="qemu"/>
...
</interface>
```

这里要注意一点，一般使用 vhost-net 作为后端处理驱动可以提高网络的性能。不过，对于一些网络负载类型使用 vhost-net 作为后端，却可能使其性能不升反降。特别是从宿主机到其中的客户机之间的 UDP 流量。如果客户机处理接受数据的速度比宿主机发送的速度要慢，就容易导致性能下降。在这种情况下，使用 vhost-net 将会使 UDP socket 的接受缓冲区更快地溢出，从而导致更多的数据包丢失。所以不使用 vhost-net，让传输速度稍微慢一点，反而会提高整体的性能。

7.2.5 物理网卡调整

根据实际应用来更改你的虚拟机配置文件，然后还可以调整一下物理网卡。下面先介绍一个工具 ethtool，它是 Linux 下用于查询及设置网卡参数的工具，可以直接登录我的博客 http://blog.chinaunix.net/uid-10915175-id-4644619.html 查看相关资料。

首先可以通过 ethtool -k eth0 命令来查看 eth0 网卡相关的 offload 信息，如图 7-51 所示，这些 offload 特性都是为了提升网络收发性能的。TSO、UFO 和 GSO 是对应网络发送，在接收方向上对应的是 LRO、GRO。

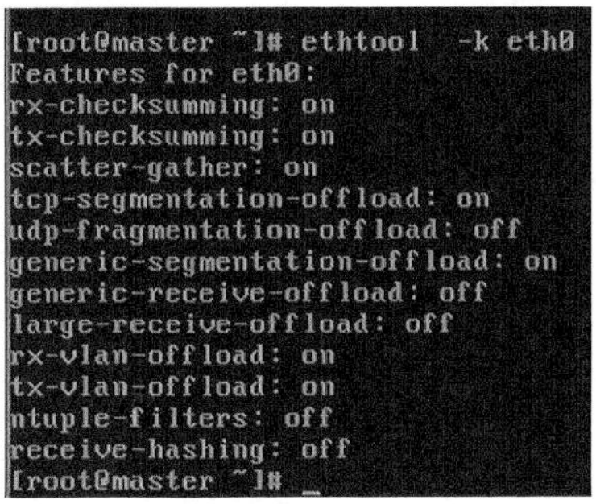
```
[root@master ~]# ethtool  -k eth0
Features for eth0:
rx-checksumming: on
tx-checksumming: on
scatter-gather: on
tcp-segmentation-offload: on
udp-fragmentation-offload: off
generic-segmentation-offload: on
generic-receive-offload: off
large-receive-offload: off
rx-vlan-offload: on
tx-vlan-offload: on
ntuple-filters: off
receive-hashing: off
[root@master ~]# _
```

图 7–51

这里简单地和你说一下这些特性的含义，更详细的解析可以参考网址 http://www.ibm.com/developerworks/cn/linux/l-cn-network-pt/。

TSO（TCP Segmentation Offload）是利用网卡对 TCP 数据包分片，减轻 CPU 负荷的一种技术，有时也被叫做 LSO（Large Segment Offload）。TSO 是针对 TCP 的，UFO 是针对 UDP 的。如果硬件支持 TSO 功能，同时也需要硬件支持的 TCP 校验计算和分散/聚集（Scatter Gather）功能。

GSO（Generic Segmentation Offload）比 TSO 更通用，基本思想就是尽可能地推迟数据分片直至发送到网卡驱动之前，此时会检查网卡是否支持分片功能（如 TSO、UFO）。如果支持，则直接发送到网卡；如果不支持，就进行分片后再发往网卡。这样大数据包只需运行一次协议栈，而不是被分割成几个数据包分别运行，从而提高了效率。

GSO 是 TSO 的增强，不只针对 TCP，而是对任意协议。尽可能地把 segmentation 推后到交给网卡的那一刻，此时会判断一下网卡是否支持 SG 和 GSO，如果不支持，则在协议栈里做 segmentation；如果支持则把 payload 直接发给网卡。

LRO（Large Receive Offload）通过将接收到的多个 TCP 数据聚合成一个大的数据包，然后传递给网络协议栈处理，以减少上层协议栈处理开销，提高系统接收 TCP 数据包的能力。

GRO（Generic Receive Offload）的基本思想与 LRO 类似，但克服了 LRO 的一些缺点，使其更通用。后续的驱动都使用 GRO 的接口，而不是 LRO。

RSS（Receive Side Scaling）是一项网卡的新特性，俗称多队列。具备多个 RSS 队列的网卡，可以将不同的网络流分成不同的队列，再分别将这些队列分配到多个 CPU 核心上进行处理，从而将负荷分散，充分利用多核处理器的能力。

这些都是根据当前的业务来定的，并不是说一定要打开或关闭某个选项就是对的。所以只是建议一下，如果在使用半虚拟化网络驱动（也就是 virtio_net）时依然得到较低的性能，可以检查宿主机系统中 GSO 和 TSO 的设置。关闭 GSO 和 TSO 可以使半虚拟化网络驱动的性能更加优化。

首先通过 brctl show 命令来查看网桥包括哪些物理网卡，如图 7-52 所示，图 7-52 中包含了 eth0 物理网卡。然后查看一下这个物理网卡的特性，如图 7-53 所示。最后通 ethtool -K eth0 gso off、ethtool -K eth0 tso off 命令来修改，如图 7-54 所示。

```
[root@master ~]# brctl show
bridge name     bridge id               STP enabled     interfaces
br0             8000.000c2976193f       no              eth0
                                                        vnet0
```

图 7-52

```
[root@master ~]# ethtool  -k eth0
Features for eth0:
rx-checksumming: on
tx-checksumming: on
scatter-gather: on
tcp-segmentation-offload: on
udp-fragmentation-offload: off
generic-segmentation-offload: on
generic-receive-offload: off
large-receive-offload: off
rx-vlan-offload: on
tx-vlan-offload: on
ntuple-filters: off
receive-hashing: off
```

图 7-53

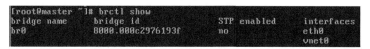

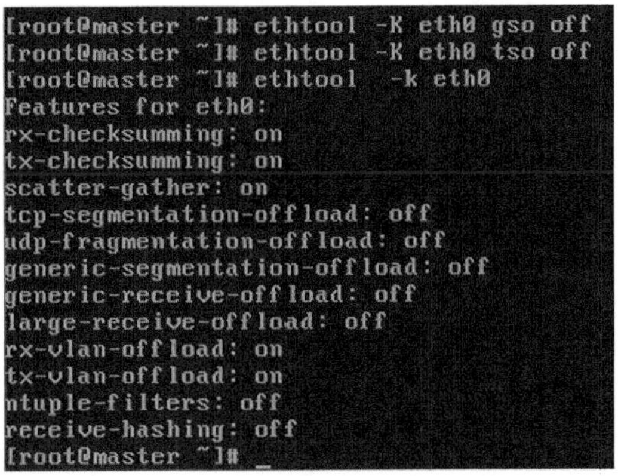

图 7-54

7.3 KVM 内存实现

下面介绍 KVM 的内存相关知识。KVM 已经可以很好地实现内存的管理功能，你可以自己找资料学习一下 KVM 的源码函数 mmu_topup_memory_caches（vcpu）。在这里就不和你多说了，下面主要介绍 KVM 内存的实现。

因为要保证 Guest 系统在虚拟化环境下查看到的内存空间情况和真实的物理机环境下相同，所以就一定要对内存进行虚拟化。

7.3.1 GPA

为了实现内存虚拟化，让客户机使用一个隔离的、从零开始且具有连续的内存空间，KVM 引入一层新的地址空间，即客户机物理地址空间（Guest Physical Address，GPA）。这个地址空间并不是真正的物理地址空间，只是宿主机虚拟地址空间在客户机地址空间的一个映射。对客户机来说，客户机物理地址空间都是从零开始的连续地址空间；但对于宿主机来说，客户机的物理地址空间并不一定是连续的，客户机物理地址空间有可能映射在若干个不连续的宿主机地址区间，如图 7-55 所示。

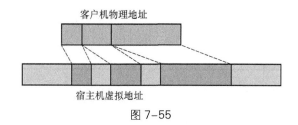

图 7-55

由于客户机物理地址不能直接用于宿主机物理 MMU（Memory Management Unit，内存管理单元）进行寻址，所以需要把客户机物理地址转换成宿主机虚拟地址（Host Virtual Address，HVA）。MMU 是 CPU 用来管理虚拟存储器、物理存储器的控制线路，同时也负责虚拟地址映射为物理地址，以及提供硬件机制的内存访问授权。为此，KVM 用一个 kvm_memory_slot 数据结构来记录每一个地址区间的映射关系，该数据结构包含了对应此映射区间的起始客户机页帧号（Guest Frame Number，GFN），映射的内存页数目以及起始宿主机虚拟地址。于是 KVM 就可以实现对客户机物理地址到宿主机虚拟地址之间的转换。

首先根据客户机物理地址找到对应的映射区间，然后根据此客户机物理地址在此映射区间的偏移量就可以得到其对应的宿主机虚拟地址。进而通过宿主机的页表也可实现客户机物理地址到宿主机物理地址之间的转换，也就是 GPA 到 HPA 的转换。

实现内存虚拟化，最主要的是实现客户机虚拟地址（Guest Virtual Address，GVA）到宿主机物理地址之间的转换。根据上述客户机物理地址到宿主机物理地址之间的转换以及客户机页表，就可以实现客户机虚拟地址空间到客户机物理地址空间之间的映射，也就是 GVA 到 HPA 的转换。

显然通过这种映射方式，客户机的每次内存访问都需要 KVM 介入，并由软件进行多次地址转换，其效率是非常低的。因此，为了提高 GVA 到 HPA 转换的效率，KVM 提供了两种实现方式来进行客户机虚拟地址到宿主机物理地址之间的直接转换。一种是基于纯软件的实现方式，也就是通过影子页表（Shadow Page Table）来实现客户虚拟地址到宿主机物理地址之间的直接转换。另一种是基于硬件对虚拟化的支持，来实现两者之间的转换。

7.3.2 影子页表

由于宿主机 MMU 不能直接装载客户机的页表来进行内存访问，所以当客户机访问宿主机物理内存时，需要经过多次地址转换。也就是先根据客户机页表把客户机虚拟地址转换成客户机物理地址，然后通过客户机物理地址到宿主机虚拟地址之间的映射转换成宿主机虚拟地址，最后根据宿主机页表把宿主机虚拟地址转换成宿主机物理地址。通过影子页表，可以实现客户机虚拟地址到宿主机物理地址的直接转换，如图 7-56 所示。

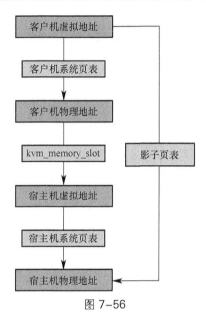

图 7-56

影子页表简化了地址转换过程，实现了客户机虚拟地址空间到宿主机物理地址空间的直接映射。但是由于客户机中每个进程都有自己的虚拟地址空间，所以 KVM 需要为客户机中的每个进程页表维护一套相应的影子页表。

在客户机访问内存时，真正被装入宿主机 MMU 的是客户机当前页表所对应的影子页表，从而实现了从客户机虚拟地址到宿主机物理地址的直接转换。而且在 TLB 和 CPU 缓存上缓存的是来自影子页表中客户机虚拟地址和宿主机物理地址之间的映射，也就是说影子页表可被载入物理 MMU 为客户机直接寻址使用，所以客户机的大多数内存访问都可以在没有 KVM 介入的情况下正常执行，没有额外的地址转换开销，也就大大提高了客户机运行的效率。

但是影子页表的引入也意味着 KVM 需要为每个客户机的每个进程的页表维护一套相应的影子页表，这会带来内存上的额外开销。此外，客户机页表和影子页表的同步也比较复杂。因此，Intel 的 EPT（Extent Page Table）技术和 AMD 的 NPT（Nest Page Table）技术都为内存虚拟化提供了硬件支持。这两种技术原理类似，都是在硬件层面上实现客户机虚拟地址到宿主机物理地址之间的转换。

7.3.3 EPT 页表

EPT 技术在原有客户机页表对客户机虚拟地址到客户机物理地址映射的基础上，又引入了 EPT 页表来实现客户机物理地址到宿主机物理地址的另一次映射。这两次地址映射都是由硬件自动完成。客户机运行时，客户机页表被载入 CR3 寄存器，而 EPT 页表被载入专门的 EPT 页表指针寄存器 EPTP。EPT 页表对地址的映射机理与客户机页表对地址的映射机理相同。

在客户机物理地址到宿主机物理地址转换的过程中，由于缺页、写权限不足等原因也会导致客户机退出，产生 EPT 异常。对于 EPT 缺页异常，KVM 首先根据引起异常的客户机物理地址，映射到对应的宿主机虚拟地址，然后为此虚拟地址分配新的物理页，最后 KVM 再更新 EPT 页表,建立起引起异常的客户机物理地址到宿主机物理地址之间的映射。对 EPT 写权限引起的异常，KVM 则通过更新相应的 EPT 页表来解决。

EPT 页表相对于上面说的影子页表，其实现方式已大大简化。而且，由于客户机内部的缺页异常也不会致使客户机退出，因此提高了客户机运行的性能。此外，KVM 只需为每个客户机维护一套 EPT 页表，也大大减少了内存的额外开销。

用户可以使用 cat /proc/cpuinfo | grep ept 检查硬件是否支持 EPT 机制。如果支持那么 KVM 会自动地使用 EPT，如图 7-57 所示。

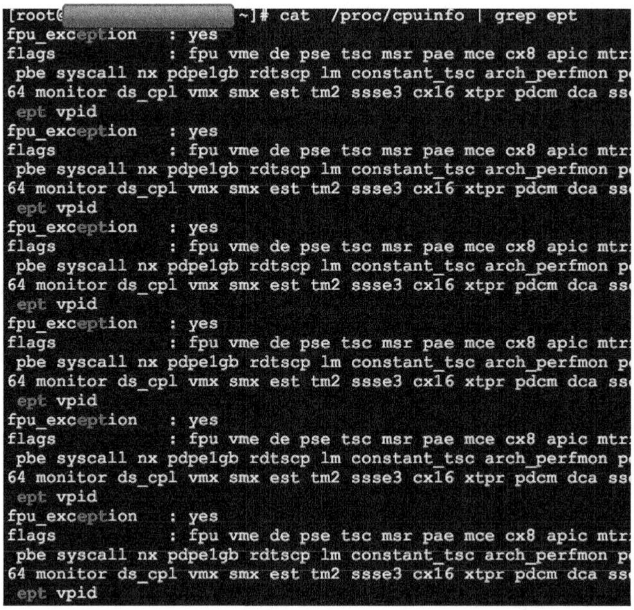

图 7-57

7.4 KSM 内核同页合并

KSM 即内核同页合并（Kernel Samepage Merging，KSM），是最重要的参数。这一特性是允许内核更有效地、系统地处理内存。KSM 允许 Linux 内核识别出包含相同内容的内存页，然后合并这些内存页，将数据整合在一个位置可以多次引用。

一般情况下使用 KSM 会激活多个系统，而且这些系统经常运行相同的 OS（我基本上使用 Linux 系统），这意味着大量的内核页面会被多次加载。使用 KSM 会让更多的虚拟机使用相同数量的内存启动，事实是 KSM 允许虚拟机过度分配内存。但是使用 KSM 存在性能损失，一般情况下性能损失大概是 10%，这也是在某些环境中关闭 KSM 的原因。

在 CentOS 6.X 中 KSM 默认是打开的。KSM 通过两个服务，即 ksmd 和 ksmtuned 来实现，这两个服务在系统初始化时自动启动。这要根据实际环境来决定 KSM 是开还是关。

如果是尽可能运行多的虚拟机，而且性能不是问题，应该保持 KSM 处于运行状态。例如 KSM 允许运行 10 个虚拟机的主机上运行 15 个虚拟机，这意味着最大化硬件使用效率。但是，如果服务器在运行相对较少的虚拟机并且性能是个问题时，那么应该关闭 KSM。

选择是否启用 KSM 取决于创建虚拟环境时的内存。如果在虚拟主机中有足够的物理内存，在没有开启 KSM 时就能够满足虚拟机的内存需求，那么最好关闭 KSM。

用户可以使用 chkconfig ksmd off、chkconfig ksmtuned off、service ksmd stop 和 service ksmtuned stop 命令关闭 KSM。

但是如果主机内存紧张，那么最好保持 KSM 处于运行状态。

简单地说一下如何优化 KSM。使用 KSM 时，可以优化一些参数以达到最佳性能，也可以修改配置文件 /etc/ksmtuned.conf。

```
#优化 KSM 的配置文件
#优化调整之间应休眠多长时间
# KSM_MONITOR_INTERVAL=60
```

```
#在扫描 16GB 服务器之间 ksm 休眠的毫秒数
#内存较小的服务器休眠的时间更长，内存较大的服务器休眠时间更短
# KSM_SLEEP_MSEC=10
# KSM_NPAGES_BOOST=300
# KSM_NPAGES_DECAY=-50
# KSM_NPAGES_MIN=64
# KSM_NPAGES_MAX=1250
# KSM_THRES_COEF=20
# KSM_THRES_CONST=2048
#如果你想获取优化 KSM 的调试信息，取消以下注释
# LOGFILE=/var/log/ksmtuned
# DEBUG=1
```

配置文件中最重要的参数是 KSM_SLEEP_MSEC。当在主机上运行较少的虚拟机，使用 KSM 时最好让主机休眠更长的时间。例如，尝试设置 KSM_SLEEP_MSEC=50，然后测试对虚拟机的影响。

7.5 其他方面的分析

接下来简单说一下其他方面，首先说一下 I/O 方面。上面说的镜像文件管理中的文件系统的格式，还有一个会影响硬盘 I/O 效率的设置是系统 I/O 硬盘调度策略，这个和你对内核了解的深度有关。这里我就不多说了，因为这方面的知识比较多。简单说一下，如果想要的是平衡的效果，则可以直接使用默认的 CFQ 策略。如果想追求效率，可以使用 Deadline 策略。具体可以参考我的博客 http://blog.chinaunix.net/ uid-10915175-id-4474266.html。

其次，介绍 CPU 方面的设置。比如两个 VCPU 分别绑定到不同节点的非超线程核上，和分配到一对相邻的超线程核上的性能会相差 30% 左右（通过 SPEC CPU2006 工具测试）。另外，由于 CPU0 处理中断请求，本身负荷就较重，不宜再用于绑定在虚拟机上。因此，在实际绑定时需要综合各种因素考虑，然后让主机在剩余的 CPU 资源中由宿主机内核去调度。

7.6 FAQ

下面来看看 KVM 的常见问题。

Q：当在物理机上执行 kill -9 虚拟机进程时会发生什么？

A：从虚拟机用度来说，就像是对服务器直接拔电一样；从物理机角度来说，只是杀掉一个进程，然后回收它的资源。

Q：如何让非特权用户使用 KVM？

A：最好的方法是创建一个新组，添加 KVM 以及其他的用户到新组里。这时就需要对/dev/kvm 的权限进行更改，更改 own 为 kvm 组。在一个运行 udev 的系统中，可以改一下 udev 的配置了。一般常见的系统是在文件/etc/udev/rules.d/40- permissions.rules 里加上"KERNEL=="kvm"，GROUP="kvm""这一行命令即可。

Q：Guest 支持动态内存管理吗？

A：KVM 只在客户机需要时才为其分配内存，但是内存一旦被分配就会保持被占用的状态。一些虚拟机（如微软的虚拟机）在启动时会清空所有的内存，所以他们会占用所有的内存。

另外 Linux 虚拟机有气球驱动（Balloon Driver），主机可以强制虚拟机分配出一部分内存并不再使用它们，然后就可以释放掉这部分内存。主机通过气球监控命令（Ballon Monitor Command）来控制这一过程。

一些 Linux 虚拟机（Centos）有一种称作 KSM 的特性。这一特性可以合并不同的页面数据，其运行需要主机内核和较新版本 KVM 的支持。一些虚拟机（尤其是大部分 Windows）会清空内存，这样页面数据就无法有效进行合并，启用 KSM 特性需要使用 ksmctl 命令。另外，某些 Linux 版本中所包含的 ksmtuned 服务可以根据可用空闲内存的数量来动态地调整 KSM 的优先级。

Q：怎样检查 KVM 虚拟机的运行速度是否弱于未进行硬件加速的 QEMU 虚拟机？

A：如果觉得由 KVM 模块提供的硬件加速并没有起到作用，可以按照以下步骤进行检查。

首先，确保没有如下的信息。

```
qemu-system-x86_64 -hda myvm.qcow2
open /dev/kvm: No such file or directory
Could not initialize KVM, will disable KVM support
```

在这种情况下，请检查以下几种情况：

- 模块被正确载入 lsmod | grep kvm。

- 输出的信息上没有出现"KVM: disabled by BIOS"。

- /dev/kvm 存在并且用户有权限使用。

其他的诊断方法如下：

- 如果能够使用 QEMU 监视器（Ctrl+Alt+2 组合键，使用 Ctrl+Alt+1 组合键回到 VM），输入"info kvm"命令，应该得到"KVM support: enabled"这一结果。

- 虚拟机启动后在主机上执行 lsmod|grep kvm，其右端的输出结果应该只包括非零值。这里的值对应于特定的结构模块（如 kvm_intel、kvm_amd），显示了虚拟机使用的模块号码。例如，如果在一台使用了 VT 技术的机器上运行两个使用 KVM 模块的虚拟机，它会显示如下：

```
lsmod|grep kvm
kvm_intel               44896  2
kvm                    159656  1 kvm_intel
```

Q：如何在不停止虚拟机的情况下动态更改其内存等信息？

A：动态修改内存信息等这些配置是一个很实用的技术，首先可以看一下虚拟机的相关信息。从图 7-58 中可以看到当前虚拟机 CentOS 5.8 的使用内存及最大内存为 2097152KB，当前物理内存为 65995396KB。

接下来使用命令 setmem centos 5.8 200000 来修改内存，结果如图 7-59 所示，可以看到其内存已经更改，如图 7-60 所示。再看一下虚拟机的配置文件，如图 7-61 所示，可以发现也已经修改了。

```
virsh # dominfo centos5.8
Id:             14
Name:           centos5.8
UUID:           3b888f76-645b-68de-99a8-0cf7b8bc1eaa
OS Type:        hvm
State:          running
CPU(s):         1
CPU time:       581.0s
Max memory:     2097152 kB
Used memory:    2097152 kB
Persistent:     yes
Autostart:      disable

virsh # nodeinfo
CPU model:           x86_64
CPU(s):              16
CPU frequency:       2394 MHz
CPU socket(s):       1
Core(s) per socket:  4
Thread(s) per core:  2
NUMA cell(s):        2
Memory size:         65995396 kB
```

图 7-58

```
virsh # setmem centos5.8 2000000
```

图 7-59

```
virsh # dominfo centos5.8
Id:             14
Name:           centos5.8
UUID:           3b888f76-645b-68de
OS Type:        hvm
State:          running
CPU(s):         1
CPU time:       581.2s
Max memory:     2097152 kB
Used memory:    1999872 kB
Persistent:     yes
Autostart:      disable
```

图 7-60

```
<domain type='kvm'>
  <name>centos5.8</name>
  <uuid>3b888f76-645b-68de-99a8-0cf7b8bc1eaa</uuid>
  <memory>2097152</memory>
  <currentMemory>1999872</currentMemory>
  <vcpu>1</vcpu>
  <os>
```

图 7-61

7.7 小结

看完刘老师对 KVM 的介绍，小鑫对 KVM 虚拟化有了一个较为全面的了解。从 KVM 虚拟化的安装、日常管理、Consle 控制台、Clone 以及时间同步等知识有了更深刻的理解与应用。同时，还掌握了 KVM 网络调整、内存调整、内核同页合并及其他方面的分析等。

第 8 章 高性能协调服务之 ZooKeeper

"小鑫,你去了解一下 ZooKeeper,过段时间我们需要测试 ZooKeeper。"

"好的,我看看。"小鑫答道。

8.1 ZooKeeper 简介

小鑫在网上查询过相关内容,看得有些不明白,以前也没有接触过这些东西,觉得不容易理解,所以想再向刘老师请教。

刘老师:

您好!

这段时间我公司需要测试一下 ZooKeeper,但我对 ZooKeeper 一无所知,所以麻烦您给我介绍一下,最好理论方面能稍微完整、全面一些,可以让我一看就明白。

谢谢!

没到晚上小鑫就收到了刘老师的邮件。

小鑫:

你好!

以前我有一篇文章是讲 ZooKeeper 的,当时是为了 Hadoop 而用,现在拿出来和你分享。

ZooKeeper 是一个开源的、分布式应用程序的协调服务,也就是一个为分布式应用提供一致性服务的软件。分布式应用程序可以基于它实现同步服务、配置维护和命名服务等。

ZooKeeper 是 Hadoop 的一个子项目，其发展的过程这里不再细说。

众所周知，在分布式应用中，由于不能很好地使用锁机制，协调服务非常容易出错且很难恢复正常。例如，协调服务很容易处于竞态以至于出现死锁，或者一些协调性质的机制不适合在某些应用中使用。因此我们需要一种可靠的、可扩展的、分布式的、可配置的协调机制来统一系统的状态，从而减轻分布式应用程序所承担的协调任务。ZooKeeper 的设计目的就在于此。

ZooKeeper 通过一个可共享的分层数据注册命名空间（称为 znode）来协调分布部署的各个进程，这与文件系统很像。与之不同的是，ZooKeeper 提供给客户端的服务是高吞吐、低延迟、高可用及严格有序的。

ZooKeeper 与标准文件系统最主要的区别是数据存储在多个 znode 节点上，每个 znode 节点上存放的数据都是有限的。设计 ZooKeeper 的目的是存储元数据，如状态信息、配置、位置信息等。这些元数据数量不会很大，通常是 Kbytes 级别的。ZooKeeper 有一个检查机制来避免存储大于 1MB 的文件，不过一般存储的数据都小于这个值。

8.2　ZooKeeper 结构

8.2.1　ZooKeeper 角色

在 ZooKeeper 整个架构中，有以下几个角色。

（1）Leader 主要承担事务的协调工作、更新系统状态等，当然也可以承担接收客户请求的功能。

（2）Client 负责发起应用的请求，而 Follower 则是接受 Client 发起的请求，且参与选主的整个过程。

（3）ObServer 可以接收客户端的连接，将写的请求转给 Leader 节点。但 ObServer 不参与投票选主的过程，只是同步 Leader 的状态。ObServer 的目的是扩展系统且提高读取的速度。

ObServer 和 Follower 也可以合称为 Learner。

8.2.2 ZooKeeper 系统结构

ZooKeeper 的服务可以由多台机器提供，一个 ZooKeeper 集群包含多个 ZooKeeper 服务器，这些 Server 彼此都知道对方的存在，如图 8-1 所示。这些机器共同维护着一个存在内存中的数据树形结构，还有事务日志以及持久化的快照。因为数据保存在内存中，所以 ZooKeeper 才能做到高吞吐和低延迟。

注意：因为它能管理的数据大小受制于内存，所以要限制 znode 上存储的数据量。

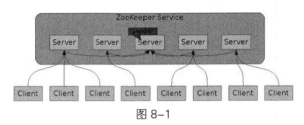

图 8-1

一个 ZooKeeper 集群内所有的 Server 都会保存一份当前 ZooKeeper 系统状态的备份。当 ZooKeeper 启动的时候会自动选取一个 Server 作为 Leader，其余的 Server 都是 Follower。选出 Leader 的目的是可以在分布式的环境中保证数据的一致性。如果在工作中这个被选出来的 Leader 出现故障导致不能正常工作，余下的 ZooKeeper 服务器就会知道这个 Leader 已经不再存活，在正常的 ZooKeeper 集群中会继续选出一个 Leader。

而作为 Follower 的 Server 用于 Client，接受 Client 的请求，并把 Client 的请求转交给 Leader，由 Leader 提交请求。

Client 只会和某一个 ZooKeeper 服务器连接。Client 是维护一个持久性的 TCP 连接，通过 TCP 连接发送请求获取响应和事件，并发送心跳信息。接受这个连接的 ZooKeeper 服务器会为这个客户端建立一个会话。如果 Client 到 Server 的 TCP 连接断开，Client 会连接到另外一个 Server。当这个客户端连接到另外的服务器时，这个会话会被新的服务器重新建立。

ZooKeeper 集群的可靠性是我们使用它的原因，只要不超过半数的服务器不可用（如果不可用的服务器超过半数，那么原有的集群将可能被划分成两个信息无法一致的 ZooKeeper 服务），该服务就能正常运行。

8.2.3 ZooKeeper 数据结构

ZooKeeper 的数据结构非常像一个 Linux 标准文件系统，每个名称都是用 "/" 分隔的一系列路径。每个 znode 都被用一个路径标示，每个路径都以"/"也就是根路径开始，如图 8-2 所示。与标准文件系统很相似，当 znode 还有子路径的时候不能够被删除。

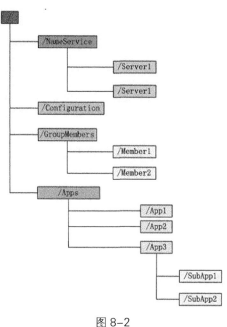

图 8-2

ZooKeeper 的数据结构有如下特点。

（1）每个子项都可以被称为 znode，如 NameService。znode 是被它所在的路径唯一的标识，如 Server1 的 znode 的标识为 /NameService/Server1。

（2）znode 可以有子节点目录，并且每个 znode 可以存储数据。不过这里要注意的是，EPHEMERAL 类型的目录节点不能有子节点目录。

（3）znode 是有版本的，每个 znode 中存储的数据可以有多个版本，也就是一个访问路径中可以存储多份数据。

（4）znode 可以是临时节点，一旦创建 znode 的客户端与服务器失去联系，这个 znode 也将自动删除。ZooKeeper 的客户端和服务器通信采用长连接方式，每个客户端和服务器通过心跳来保持连接，这个连接状态称为 session。如果 znode 是临时节点，这个 session 失效，znode 也就删除了。

（5）znode 的名称可以自动编号，如 App1 已经存在，再创建的话，将会自动命名为 App2。

（6）znode 是可以被监控的，包括目录节点中所存储数据的修改、子节点目录的变化等。一旦发生变化可以通知设置监控的客户端，这是 ZooKeeper 的核心特性。ZooKeeper 的很多功能都是基于这个特性实现的，后面在典型的应用场景中会有实例介绍。

8.3 ZooKeeper 的工作原理

ZooKeeper 的核心是原子广播（Leader 与 Follower 同步数据），这个机制保证了各个 Server 之间的同步，实现这个机制的协议叫做 Zab（ZooKeeper Atomic Broadcast）协议。Zab 协议有两种模式，分别是恢复模式（选主）和广播模式（同步）。当服务启动或者在 Leader 崩溃后，ZooKeeper 集群就会进入恢复模式。当 Leader 被选举出来，且大多数 Server 完成了和 Leader 的状态同步以后，恢复模式就结束。状态同步保证了 Leader 和 Server 具有相同的系统状态。

为了保证事务的顺序一致性，ZooKeeper 采用了递增的 zid（ZooKeeper transtion id）也就是事务 id 号来标识事务。所有的提议（proposal）都在被提出的时候加上了 zid。实现中 zid 是一个 64 位的数字，高 32 位是 epoch 用来标识 Leader 关系是否改变，每次一个 Leader 被选出来，它都会有一个新的 epoch，标识当前属于 Leader 的统治时期。低 32 位用于递增计数。

8.3.1 选 Leader 过程

当 Leader 崩溃或 Leader 失去大多数的 Follower，这时候 ZooKeeper 就会进入恢复模式，也就是重新选举出一个 Leader，让所有的 Server 都恢复到一个正确的状态。ZooKeeper 的选举算法有两种：一种是基于 basic paxos 实现的，另一种是基于 fast paxos 算法实现的。系统默认的选举算法为 fast paxos。

fast paxos 算法是在选举过程中某 Server 首先向所有 Server 提出自己要成为 Leader，当其他的 Server 收到提议后，解决 epoch 和 zxid 的冲突并接受对方的提议，然后向对方发送接受提议完成的消息。重复这个流程，最后一定能选举出 Leader。

这种算法通过异步的通信方式来收集其他节点的选票，同时在分析选票时又根据投票者的当前状态来作不同的处理，以加快 Leader 的选举进程。

每个 Server 都会有一个接收线程池和一个发送线程池。在没有发起选举时，这两个线程池都处于阻塞状态，直到有消息进来时才解除阻塞并处理消息。同时每个 Server 都有一个选举线程（可以发起选举的线程担任）。

fast paxos 算法的流程如图 8-3 所示。

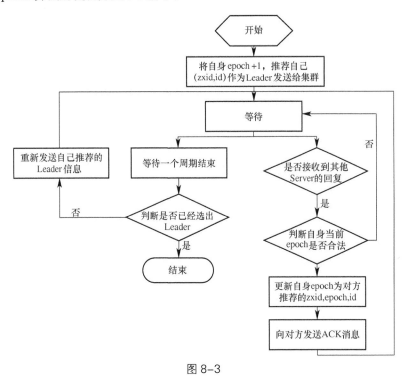

图 8-3

另一种是 basic paxos 算法，如图 8-4 所示。选举线程首先向所有 Server 发起一次询问（包括自己）。这个选举线程是由当前 Server 发起选举的线程担任，其主要功能是对投票结果进行统计，并选出推荐的 Server。

选举线程收到回复后，会验证是否是自己发起的询问（验证 zxid 是否一致），然后获取对方的 id（myid），并存储到当前询问对象列表中，最后获取对方提议的 Leader 相关信息（id，zxid），并将这些信息存储到当次选举的投票记录表中。

收到所有 Server 回复以后，就计算出 zxid 最大的那个 Server，并将这个 Server 相关信息设置成下一次要投票的 Server。

线程将当前 zxid 最大的 Server 设置为当前 Server 要推荐的 Leader，如果此时获胜的

Server 获得 n/2 + 1 的 Server 票数，设置当前推荐的 Leader 为获胜的 Server，将根据获胜的 Server 相关信息设置自己的状态；否则，就继续这个过程，直到 Leader 被选举出来。

在恢复模式下，如果是刚从崩溃状态恢复的或者刚启动的 Server 还会从磁盘快照中恢复数据和会话信息，zk 会记录事务日志并定期进行快照，以方便进行状态恢复。

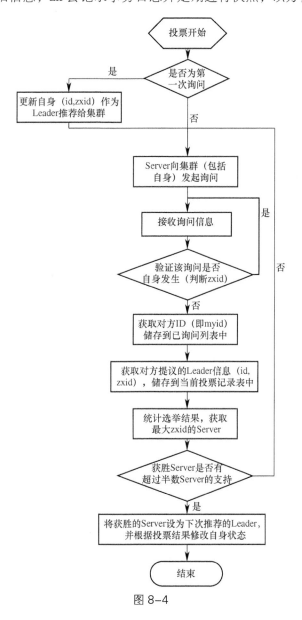

图 8-4

8.3.2　ZooKeeper 同步

当集群选完 Leader 以后，ZooKeeper 就进入了同步过程。

首先是 Leader 等待 Server 连接，然后是 Follower 连接 Leader，将最大的 zxid 发送给 Leader。Leader 根据 Follower 的 zxid 确定同步点，完成同步后通知 Follower 已经成为 uptodate 状态。当 Follower 收到 uptodate 消息后，就可以重新接受 Client 的请求进行服务了。

ZooKeeper 同步过程如图 8-5 所示。

图 8-5

8.3.3　角色工作过程

下面介绍 Leader 角色的工作过程。

Leader 的主要作用前面已经提到过，是恢复数据，还有维持与 Learner 的心跳，接收 Learner 的请求并判断 Learner 的请求消息类型。

Learner 的消息类型主要有 PING 消息、REQUEST 消息、ACK 消息、REVALIDATE 消息，根据不同的消息类型而进行不同的处理。

PING 消息指的是 Learner 的心跳信息；REQUEST 消息则是 Follower 发送的提议信息，包括写各种请求；ACK 消息是 Follower 对提议的回复，如果超过半数的 Follower 通过，则确认该提议；REVALIDATE 消息是用来延长 SESSION 有效时间的。

Leader 的大概工作流程如图 8-6 所示，但在实际环境中 Leader 的工作流程还是比较复杂的。

接下来简单说一下 Follower 工作流程。首先它会向 Leader 发送请求（PING 消息、REQUEST 消息、ACK 消息、REVALIDATE 消息），然后接收 Leader 消息并进行处理。当接收 Client 的请求为写请求时就会发送给 Leader 进行投票，最后返回 Client 结果。

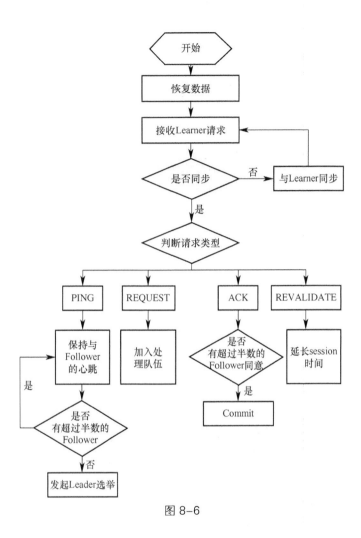

图 8-6

8.4 ZooKeeper 安装与配置

本节介绍的 ZooKeeper 是以 ZooKeeper 3.4.5 稳定版本为基础,最新的版本可以通过官网 http://hadoop.apache.org/ZooKeeper/来获取。ZooKeeper 的安装非常简单,接下来我将从单机模式和集群模式两个方面介绍 ZooKeeper 的安装和配置。

8.4.1 ZooKeeper 的单机实现

安装 ZooKeeper 之前需要安装 JDK，从官网下载后放到合适的位置解压，然后配置环境即可，非常简单。在文件/etc/profile 最后面加上如图 8-7 所示的内容即可。

```
JAVA_HOME=/opt/java
PATH=$JAVA_HOME/bin:$PATH
CLASSPATH=.:$JAVA_HOME/lib/dt.jar:$JAVA_HOME/lib/tools.jar
export JAVA_HOME  PATH CLASSPATH
```

图 8-7

单机的安装非常简单，只要把下载的包解压到某个目录（如/opt/sys/ZooKeeper）即可。

ZooKeeper 的启动脚本在 bin 目录下，Linux 的启动脚本是 zkServer.bin。

不过在执行启动脚本之前，还有几个基本的配置项需要配置。ZooKeeper 的配置文件在 conf 目录下，这个目录下有 zoo_sample.cfg 和 log4j.properties 这两个文件。在这里需要做的就是将 zoo_sample.cfg 改名为 zoo.cfg，因为 ZooKeeper 在启动时会找这个文件作为默认的配置文件，如图 8-8 所示，其配置文件如图 8-9 所示。

```
[root@           bin]# ./zkServer.sh status
JMX enabled by default
Using config: /opt/sys/zookeeper/bin/../conf/zoo.cfg
Mode: follower
```

图 8-8

```
[root@           conf]# grep -v "#" zoo.cfg
tickTime=2000
initLimit=10
syncLimit=5
dataDir=/opt/sys/zookeeper/data
dataLogDir=/opt/sys/zookeeper/log
clientPort=2181
```

图 8-9

针对这个配置文件，简单地对这几个选项说明一下。

- tickTime：这个时间是 ZooKeeper 服务器之间或客户端与服务器之间心跳时间的间隔，也就是说每个 tickTime 时间会发送一个心跳。
- dataDir：ZooKeeper 保存数据的目录。默认情况下 ZooKeeper 将写数据的日志文件也保存在这个目录里。

- dataLogDir：是 ZooKeeper 保存日志文件的目录。
- clientPort：是客户端连接 ZooKeeper 服务器的端口。ZooKeeper 监听这个端口来接受客户端的访问请求。
- initLimit：ZooKeeper 服务器集群中连接到 Leader 的 Follower 服务器在初始化连接时最长能接受多少个心跳时间间隔数。当已经超过 10 个心跳的时间（也就是 tickTime）长度后，如果 ZooKeeper 服务器还没有收到 Follower 服务器端的返回信息，那么表明 Follower 服务器端连接失败。总的时间长度就是 10×2000=20 秒。
- syncLimit：这是 Leader 与 Follower 之间发送消息，请求和应答时间长度。最长不能超过多少个 tickTime 的时间长度，总的时间长度就是 5×2000=10 秒。

8.4.2 ZooKeeper 的集群实现

相对于 ZooKeeper 的单机实现，它的集群实现在其基础上只是增加了一组服务器列表，如图 8-10 所示。

```
grep -v "#" zoo.cfg
tickTime=2000
initLimit=10
syncLimit=5
dataDir=/opt/sys/zookeeper/data
dataLogDir=/opt/sys/zookeeper/log
clientPort=2181

server.1=192.168.50.11:2888:3888
server.2=192.168.50.12:2888:3888
server.3=192.168.50.13:2888:3888
server.4=192.168.50.14:2888:3888
server.5=192.168.50.15:2888:3888
```

图 8-10

然后把每个这一组服务器的 ZooKeeper 启动即可实现 ZooKeeper 的集群服务。在 ZooKeeper 的 bin 目录下执行相关命令即可。

```
./zkServer.sh start      #启动 ZooKeeper
netstat -at|grep 2181    #查看 ZooKeeper 端口
./zkServer.sh stop       #关闭 ZooKeeper
```

这样 ZooKeeper 的单机模式和集群模式就配置完成了。ZooKeeper 的配置还是比较简单的，但一定要理解它的原理及作用，因为在排查问题时需要这些知识。

8.5　ZooKeeper_dashboard

这里简单介绍一下 ZooKeeper 的 dashboard，这个项目采用的是 Django（需要 1.0 以上的版本）和 zkpython 的结合，且提供了仪表板来管理 ZooKeeper（集群）。

dashboard 的作用是显示集群概况、单个服务器细节、客户端连接的细节、导航和检查实时 Znode 的层次结构，如图 8-11～图 8-14 所示。

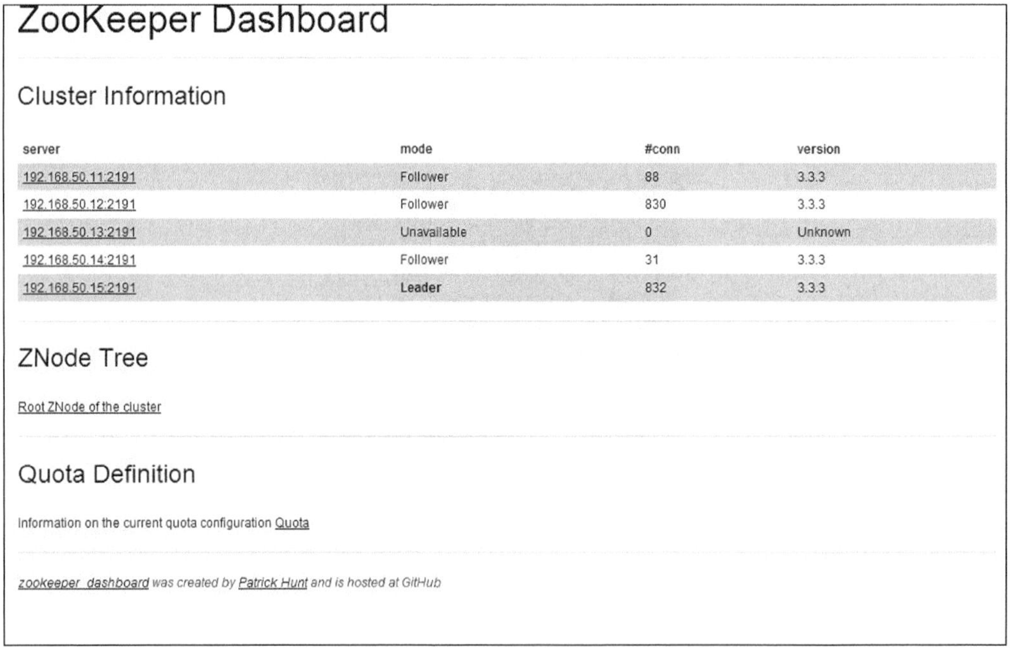

ZooKeeper Dashboard

Cluster Information

server	mode	#conn	version
192.168.50.11:2191	Follower	88	3.3.3
192.168.50.12:2191	Follower	830	3.3.3
192.168.50.13:2191	Unavailable	0	Unknown
192.168.50.14:2191	Follower	31	3.3.3
192.168.50.15:2191	Leader	832	3.3.3

ZNode Tree

Root ZNode of the cluster

Quota Definition

Information on the current quota configuration Quota

zookeeper_dashboard was created by Patrick Hunt and is hosted at GitHub

图 8-11

8.5 ZooKeeper_dashboard

ZooKeeper Server 192.168.50.11:2191

Summary

Host	192.168.50.11
Client port	2191
Mode	Follower
Zxid	0x1425a0a135
Node count	14202
Connection count	165
Received	53720625
Sent	53704656
Outstanding	0
Max Latency	4895
Avg Latency	52
Min Latency	0

Connections (clients)

host	port	interest ops	queued#	recved#	sent#
192.168.49.42	40955	1	0	812	812
192.168.49.42	35793	1	0	4118	4118
192.168.49.41	14517	1	0	151	151
192.168.49.41	13894	1	0	237	237

图 8-12

Environment

Attribute	Value
zookeeper.version	3.3.3-1203054, built on 11/17/2011 05:47 GMT
host.name	bjlg-50p11-zk1.bfdabc.com
java.version	1.6.0_26
java.vendor	Sun Microsystems Inc.
java.home	/opt/jdk1.6.0_26/jre
java.class.path	./opt/java/lib/dt.jar:/opt/java/lib/tools.jar:/opt/sys/kafka-zk/bin/../core/target/scala-2.8.0/*.jar:/opt/sys/kafka-zk/bin/../perf/target/scala-2.8.0/kafka*.jar:/opt/sys/kafka-zk/bin/../libs/jopt-simple-3.2.jar:/opt/sys/kafka-zk/bin/../libs/kafka-ganglia-1.0.0.jar:/opt/sys/kafka-zk/bin/../libs/log4j-1.2.15.jar:/opt/sys/kafka-zk/bin/../libs/metrics-annotation-2.2.0.jar:/opt/sys/kafka-zk/bin/../libs/metrics-core-2.2.0.jar:/opt/sys/kafka-zk/bin/../libs/metrics-ganglia-2.2.0.jar:/opt/sys/kafka-zk/bin/../libs/scala-compiler.jar:/opt/sys/kafka-zk/bin/../libs/scala-library.jar:/opt/sys/kafka-zk/bin/../libs/slf4j-api-1.7.2.jar:/opt/sys/kafka-zk/bin/../libs/slf4j-simple-1.6.4.jar:/opt/sys/kafka-zk/bin/../libs/snappy-java-1.0.4.1.jar:/opt/sys/kafka-zk/bin/../libs/zkclient-0.3.jar:/opt/sys/kafka-zk/bin/../libs/zookeeper-3.3.4.jar:/opt/sys/kafka-zk/bin/../kafka_2.8.0-0.8.0.jar
java.library.path	/opt/jdk1.6.0_26/jre/lib/amd64/server:/opt/jdk1.6.0_26/jre/lib/amd64:/opt/jdk1.6.0_26/jre/../lib/amd64:/usr/java/packages/lib/amd64:/usr/lib64:/lib64:/lib:/usr/lib
java.io.tmpdir	/tmp
java.compiler	<NA>
os.name	Linux
os.arch	amd64
os.version	2.6.18-308.el5
user.name	sys
user.home	/opt/sys
user.dir	/opt/sys/kafka_2.8.0-0.8.0_zk

图 8-13

图 8-14

ZooKeeper_dashboard 的搭建非常简单，这里不再赘述，你可以参考网址 https://github.com/phunt/ZooKeeper_dashboard 安装即可。

8.6 Hadoop 1.X 优化

既然说到 Zookeeper 了，想必你也用到了 Hadoop。下面先介绍 Hadoop 1.X 的部分优化参数，服务器是 64GB 内存和 8 核的 CPU。

8.6.1 参数修改

首先说一下 hdfs 的参数优化。

- dfs.datanode.handler.count（默认值是 3）：datanode 用于处理 RPC 的线程数。值得注意的是，每添加一个线程，需要的相关内存便增加。

- dfs.datanode.max.xcievers（默认值是 256，可以设置大一些，如 4096）：datanode 允许同时执行的发送和接受任务的数量，类似于 Linux 上的文件句柄限制。

然后说一下 MapReduce 调优，从对磁盘和内存影响的角度分析。

- io.sort.mb（默认值是 100M）：调大，减少对磁盘的影响，但需要考虑内存的大小。

- io.sort.factor（默认值是 10）：增大，可以减少 merge 时对磁盘的访问次数，但也需要考虑内存的大小。

- io.sort.spill.percent（默认值是 0.8）：buffer 中达到 80%时，进行 spill。

- io.sort.record.percent（默认值是 0.05）：用来保存索引数组的百分比。内存 Buffer 包括两个数组，一个是索引数组，索引数组的每个元素大小是固定的；一个是数据 Buffer，索引数组中包含 key value 在数据 Buffer 中的偏移量，便于在 spill 写本地文件时，一个一个地 key value 定位写。

- min.num.spill.for.combine（默认值是 3）：如果设定 combine 函数，且 spill 文件最少 3 个时，在 merge 之前做 combine 操作，减少数据量，间接减少对磁盘的访问。

- mapred.job.reuse.jvm.num.tasks（默认值是 1）：是 JVM 的重用。同一 job 的顺序执行的 task 可以共享一个 JVM。

- mapred.min.split.size：设置为 134217728（字节），用于减小 MAP 数。关于 Map 的个数可以参考我的博客 http://blog.chinaunix.net/uid-10915175-id-4723664.html。

其次从并发处理能力角度分析。

- dfs.namnode.handler.count 或 mapred.job.tracker.handler.count：是 namenode 和 jobtracker 中用于处理 RPC 的线程数，默认值是 10。对于较大集群可适当调大，比如 64。

- tasktracker.http.threads（默认值是 40）：tasktracker 开启的 http 服务，用于 copy 数据设置集群中每个 tasktracker 将 map 输出传给 reducer 的工作线程的数量。用户可以将其提高至 40～50，增加并线线程数，能够提高集群性能。

- mapred.tasktracker.map.tasks.maximum：根据 CPU 核数确定。
- reduce 端调优（copy->sort->reduce）：对磁盘和内存的影响。
- io.sort.factor（同 map 端）。
- mapred.job.shuffle.input.buffer.percent（0.7 of reduce heap）：类似于 map 端的 io.sort.mb，shuffle 最大使用的内存量。
- mapred.job.shuffle.merge.percent（0.66 of mapred.job.shuffle.input.buffer.percent）：达到该值时，做 merge 操作，就 flush 到磁盘。
- mapred.job.reduce.input.buffer.percent（sort 完成后 reduce 计算阶段用来缓存数据的百分比）：该属性设置在 Reduce 过程中用来在内存中保存 Map 输出的空间占整个堆空间的比例。Reduce 阶段开始时，内存中的 Map 输出大小不能大于这个值。默认值为 0.0，说明在 Reduce 开始前所有的 Map 输出都合并到硬盘中，以便为 Reduce 提供尽可能多的内存。如果 Reduce 函数内存需求较小，可以将该值设置为 1.0 来提升性能。

最后从并发处理能力角度分析。

- mapred.reduce.copy.backoff（默认值为 300s）：reduce 下载线程的最大时间。
- mapred.reduce.parallel.copies（默认值是 5，可以设置为 40）：shuffle 阶段 copy 线程数。对于 map 数量较多的场景，可以将值设置得大一点。增加该值可以提高网络传输速度，加快复制 map 输出的过程，但是也会增加 CPU 的使用量。
- mapred.reduce.shuffle.memory.limit.percent（默认值是 0.25）：表示一个单一 shuffle 的最大内存使用限制。

8.6.2 修改后测试

按照以上的参数进行调优参数组合，选择两种任务类型作为比对，修改数值以及测试结果仅供参考。

  a：java mapreduce 测试，使用 terasort 进行 1TB 数据排序
  b：hive 的复杂查询，类似如下的 join 语句：
select count(*) from event_calling_201410 c left outer join event_sms_201410 s on(s.calling_nbr=c.calling_nbr);

1. 原集群的配置

(1) 主节点的配置如下。

    mapred.tasktracker.map.tasks.maximum: 3
    mapred.tasktracker.reduce.tasks.maximum: 1

(2) 从节点的配置如下。

    mapred.tasktracker.map.tasks.maximum: 7
    mapred.tasktracker.reduce.tasks.maximum: 2
    mapred.child.java.opts: -Xmx1536M
    mapred.job.reuse.jvm.num.tasks: 1
    a 任务执行：13mins, 39sec
    b 任务执行：11mins, 6sec

2. map 和 reduce 槽位设置

(1) 主节点的配置如下。

    mapred.tasktracker.map.tasks.maximum: 6
    mapred.tasktracker.reduce.tasks.maximum: 2

(2) 从节点的配置如下。

    mapred.tasktracker.map.tasks.maximum: 12
    mapred.tasktracker.reduce.tasks.maximum: 4
    a 任务执行：10mins, 28sec
    b 任务执行：9minns, 39secs

3. map 和 reduce 槽位设置

(1) 主节点的配置如下。

    mapred.tasktracker.map.tasks.maximum: 12
    mapred.tasktracker.reduce.tasks.maximum: 4

(2) 从节点的配置如下。

    mapred.tasktracker.map.tasks.maximum: 24
    mapred.tasktracker.reduce.tasks.maximum: 8

a 任务执行：8mins, 53sec
b 任务执行：8mins,42sec

这时 CPU 占用率基本都在 90%~100%。

4. map 和 reduce 槽位设置

（1）主节点的配置如下。

mapred.tasktracker.map.tasks.maximum: 12
mapred.tasktracker.reduce.tasks.maximum: 4

（2）从节点的配置如下。

mapred.tasktracker.map.tasks.maximum: 36
mapred.tasktracker.reduce.tasks.maximum: 12
a 任务执行：8mins, 45sec
b 任务执行：9mins,7sec

CPU 占用率基本都在 90%~100%，但是执行效率没有提升，反而 b 任务执行变慢。

所以暂时设置如下。

（1）主节点的配置如下。

mapred.tasktracker.map.tasks.maximum: 12
mapred.tasktracker.reduce.tasks.maximum: 4

（2）从节点的配置如下。

mapred.tasktracker.map.tasks.maximum: 24
mapred.tasktracker.reduce.tasks.maximum: 8

5. 任务 JVM 内存大小设置

（1）主节点的配置如下。

mapred.child.java.opts: -Xmx1536M

（2）从节点的配置如下。

mapred.map.child.java.opts: -Xmx1224M
mapred.reduce.child.java.opts: -Xmx2048M

a 任务执行：8mins, 52sec
b 任务执行：8mins, 09sec

6. 任务 JVM 内存大小设置

（1）主节点的配置如下。

```
mapred.child.java.opts: -Xmx1536M
```

（2）从节点的配置如下。

```
mapred.map.child.java.opts: -Xmx2048M
mapred.reduce.child.java.opts: -Xm4086M
```
a 任务执行： 8mins, 56sec
b 任务执行： 8mins,12 秒 sec

7. JVM 重用参数设置

```
mapred.job.reuse.jvm.num.tasks: 3
```
a 任务执行： 8mins, 6sec
b 任务执行： 7mins, 52sec

8. JVM 重用参数设置 mapred.job.reuse.jvm.num.tasks：-1

a 任务执行： 7mins, 47sec
b 任务执行： 7mins, 28sec

9. 缓存 map 中间结果的 buffer 大小设置

```
io.sort.mb    200
```
a 任务执行： 7mins, 42sec
b 任务执行： 7mins, 26sec

10. 缓存 map 中间结果的 buffer 大小设置

```
io.sort.mb 400
```
a 任务执行： 7mins, 30sec
b 任务执行： 7mins, 47sec

11. 缓存 map 中间结果的 buffer 大小设置

```
io.sort.mb     500
```

```
a 任务执行：     7mins, 34sec
b 任务执行：     7mins, 31sec
```

12. 缓存 map 中间结果的 buffer 大小设置

```
io.sort.mb     600
 a 任务执行：    7mins, 37sec
 b 任务执行：    7mins, 27sec
```

13. 缓存 map 中间结果的 buffer 大小设置

```
io.sort.mb     700
 a 任务执行：    7mins, 42sec
 b 任务执行：    7mins, 34sec
```

从内存使用到 30GB 左右，确定设置 io.sort.mb 为 600。

14. 做 merge 操作时间时操作的 stream 数设置

```
io.sort.factor 20
 a 任务执行： 7mins, 40sec
 b 任务执行： 7mins, 32sec
```

15. 做 merge 操作时间时操作的 stream 数设置

```
io.sort.factor 30
 a 任务执行： 7mins, 33sec
 b 任务执行： 7mins,30sec
```

16. 做 merge 操作时间时操作的 stream 数设置

```
io.sort.factor 40
 a 任务执行： 7mins, 36sec
 b 任务执行： 7mins,51sec
```

设置 io.sort.factor 为 30。

17. 每个 reduce 并行下载 map 结果的最大线程数设置

```
mapred.reduce.parallel.copies 10
 a 任务执行： 7mins, 27sec
 b 任务执行： 7mins,27sec
```

18. 每个 reduce 并行下载 map 结果的最大线程数设置

```
mapred.reduce.parallel.copies 20
```
  a 任务执行： 7mins, 22sec
  b 任务执行： 7mins, 26sec

设置 mapred.reduce.parallel.copies 为 20。

19. 缓存的内存中多少百分比后开始做 merge 操作参数设置

```
mapred.job.shuffle.merge.percent 0.8
```
  a 任务执行： 7mins, 27sec
  b 任务执行： 7mins, 29sec

20. 缓存的内存中多少百分比后开始做 merge 操作参数设置

```
mapred.job.reduce.input.buffer.percent 1.0
```
  a 任务执行： 7mins, 29sec
  b 任务执行： 7mins, 30sec

21. jobtracker 服务的线程数设置

```
mapred.job.tracker.handler.count   15
```
  a 任务执行： 7mins, 19sec
  b 任务执行： 7mins, 23sec

22. jobtracker 服务的线程数设置

```
mapred.job.tracker.handler.count  20
```
  a 任务执行： 7mins, 30sec
  b 任务执行： 7mins, 27sec

23. 用来跟踪 task 任务的 http server 的线程数设置

```
tasktracker.http.threads(默认是 40)，45
```
  b 任务执行： 7mins, 29sec

24. reducer 在合并 map 输出数据使用的内存空间设置

```
fs.inmemory.size.mb=600
```
  a 任务执行： 7mins, 25sec
  b 任务执行： 7mins, 23sec

25. namenode 处理线程数设置

   dfs.namenode.handler.count 40
      a 任务执行： 7mins, 28sec
      b 任务执行： 7mins, 32sec

26. datanode 上用于处理 RPC 的线程数设置

   dfs.datanode.handler.count 5
      a 任务执行： 7mins, 28sec
      b 任务执行： 7mins, 32sec

   hadoop-env.sh

这里还设置 TASKTRACKER 的分配的内存为 10GB。

8.6.3　Hadoop 集群更改配置

主节点 mapred-site.xml 的设置如下：

```
mapred.tasktracker.map.tasks.maximum:12
mapreduce.jobtracker.taskscheduler.maxrunningtasks.perjob:500
mapred.tasktracker.reduce.tasks.maximum:4
mapred.reduce.slowstart.completed.maps:0.75
mapred.task.timeout:600000
mapred.child.java.opts:-Xmx1536m -XX:+UseConcMarkSweepGC
mapred.job.reuse.jvm.num.tasks:-1
io.sort.mb:600
io.sort.factor:30
mapred.reduce.parallel.copies:20
mapred.job.tracker.handler.count:15
tasktracker.http.threads:45
fs.inmemory.size.mb:400
mapred.min.split.size:134217728
```

从节点 mapred-site.xml 的设置如下。

```
mapred.tasktracker.map.tasks.maximum:12
```

```
mapreduce.jobtracker.taskscheduler.maxrunningtasks.perjob:500
mapred.tasktracker.reduce.tasks.maximum:4
mapred.reduce.slowstart.completed.maps:0.75
mapred.task.timeout:600000
mapred.map.child.java.opts:-Xmx1224m -XX:+UseConcMarkSweepGC
mapred.reduce.child.java.opts:-Xmx2048m -XX:+UseConcMarkSweepGC
mapred.job.reuse.jvm.num.tasks:-1
io.sort.mb:600
io.sort.factor:30
mapred.reduce.parallel.copies:20
mapred.job.tracker.handler.count:15
tasktracker.http.threads:45
fs.inmemory.size.mb:400
mapred.min.split.size:134217728


hdfs-site.xml
dfs.namenode.handler.count:40
dfs.datanode.handler.count:5
```

8.7　Hadoop 2 搭建

Hadoop 1.X 的相关优化可以根据你公司的实际情况进行修改，比如说服务器的数量、各种参数的数值等。

8.7.1　环境准备

下面介绍 Hadoop 2.4.1 的搭建。首先是机器准备，这里测试集群机器总共 4 个节点，节点之间使用局域网连接，可以相互 ping 通。IP 分布、规划以及安装组件版本等如下。

```
192.168.100.131 hadoop1
192.168.100.132 hadoop2
192.168.100.141 hadoop3
```

```
192.168.100.142 hadoop4
```

机器角色规划（先配置 NameNode HA；ResourceManager HA），如图 8-15 所示。

机器角色规划（先配置NameNode HA；ResourceManager HA）

IP	host	部署模块	进程
IP1	hadoop1	NameNode DataNode NodeManager	NameNode DFSZKFailoverController DataNode
IP2	hadoop2	NameNode DataNode NodeManager Zookeeper	NameNode DFSZKFailoverController NodeManager DataNode JournalNode QuorumPeerMain
IP3	hadoop3	DataNode NodeManager Zookeeper ResourceManager	NameNode NodeManager DataNode JournalNode QuorumPeerMain ResourceManager
IP4	hadoop4	DataNode NodeManager Zookeeper ResourceManager	NodeManager DataNode JournalNode QuorumPeerMain ResourceManager

图 8-15

- 关闭所有机器的防火墙（部署略）。

- 编辑 host 文件。

- 设置 Linux 文件描述符大小（部署略）。

- 所有机器安装 Java（版本为 1.6，部署略），安装路径为/opt/jdk1.6.0_26/。

- 安装 ZooKeeper（版本为 3.4.3，部署略）要求在 192.168.100.132、192.168.100.141 和 192.168.100.142 搭建 ZK 集群，安装路径为/opt/ZooKeeper/。

- 所有集群机器统一创建 hadoop 账号。

- 配置 SSH 认证（部署略），要求 4 台机器 Hadoop 账号都可以互相无密钥登录到各自的机器（因为 4 台都是主节点，如果机器的角色只是子节点，只需要主节点可以登录到子节点机器就可以了）。

- Hadoop 安装。

\# 下载路径：http://mirrors.cnnic.cn/apache/hadoop/common/hadoop-2.4.1/ 这里使用的是 2.4.1 版本。

\# chown hadoop:hadoop /home/hadoop/hadoop-2.4.1 在 Hadoop 账号下加软链方便使用 ln -s hadoop-2.4.1 hadoop。

8.7.2 安装配置

这里由于版本 1 和版本 2 的 Hadoop 文件目录结构不一样，所以先简单介绍一下文件或目录。

- bin：Hadoop 最基本的管理脚本和使用脚本所在目录，这些脚本是 sbin 目录下管理脚本的基础实现，用户可以直接使用这些脚本管理和使用 Hadoop。
- etc：Hadoop 配置文件所在目录，包括 core-site.xml、hdfs-site.xml、mapred-site.xml 等从 Hadoop 1.0 继承而来的配置文件和 yarn-site.xml 等 Hadoop 2.0 新增的配置文件。
- include：对外提供的编程库头文件（具体动态库和静态库在 lib 目录中），这些头文件均是用 C++ 定义的，通常用于 C++ 语言访问 HDFS 或者编写 MapReduce 程序。
- lib：该目录包含 Hadoop 对外提供的编程动态库和静态库，与 include 目录中的头文件结合使用。
- libexec：各个服务对应的 shell 配置文件所在目录，可用于配置日志输出目录、启动参数（如 JVM 参数）等基本信息。
- sbin：Hadoop 管理脚本所在目录，主要包含 HDFS 和 YARN 中各类服务的启动/关闭脚本。
- share：Hadoop 各个模块编译后的 JAR 包所在目录。

以下所有的配置文件都在目录/etc/hadoop/下，首先是配置 hadoop-env.sh。

- 配置 jdk：export JAVA_HOME=/opt/jdk1.6.0_26/。
- 配置 LOG 目录：mkdir -p /opt/hadoop/hdfs/logs；chown hadoop:hadoop /opt/hadoop/hdfs/ logs export HADOOP_LOG_DIR=/opt/hadoop/hdfs/logs。
- 配置 pid 文件目录：export HADOOP_PID_DIR=/opt/hadoop/hdfs/logs。
- 配置 java 堆大小：export HADOOP_HEAPSIZE=10000（根据物理机实际内存大小进行分配）。

以下是配置 yarn-env.sh。

- 配置 jdk：export JAVA_HOME=/opt/jdk1.6.0_26/。
- 配置：export YARN_RESOURCEMANAGER_HEAPSIZE=1000。

- 配置：export YARN_NODEMANAGER_HEAPSIZE=1000。
- 配置 LOG 目录：mkdir -p /opt/hadoop/yarn/logs；chown hadoop:hadoop /opt/hadoop/yarn/logs export YARN_LOG_DIR =/opt/hadoop/yarn/logs。

以下是配置 mapred-env.sh。

- 配置 jdk：export JAVA_HOME=/opt/jdk1.6.0_26/。
- 配置：export HADOOP_JOB_HISTORYSERVER_HEAPSIZE=1000。

以下是配置 core-site.xml（这里配置 namenode HA）。

```
<configuration>
<property>
    <name>fs.defaultFS</name>
    <value>hdfs://abchadoop</value>
    <description>NameNode UR, 格式是 hdfs://host:port/，如果开启了 NN
        HA 特性，则配置集群的逻辑名
    </description>
</property>
<property>
    <name>hadoop.tmp.dir</name>
    <value>/opt/hadoop/hadoop-2.4/data</value>
</property>
<property>
    <name>ha.ZooKeeper.quorum</name>

    <value>192.168.100.132:2181,192.168.100.141:2181,192.168.100.142:2181</value>
    <description>注意，配置了 ZK 以后，在格式化、启动 NameNode 之前必须先启动 ZK，否则会报连接错误
    </description>
</property>
<property>
    <name>io.file.buffer.size</name>
    <value>131072</value>
```

```
        <description>Size of read/write buffer used in SequenceFiles.i
```
默认是 4KB，作为 hadoop 缓冲区，用于 hadoop 读 hdfs 的文件和写 hdfs 的文件，
还有 map 的输出都用到了这个缓冲区容量，对于现在的硬件很保守，可以设置为 128kB (131072)，甚至是 1MB (值太大，map 和 reduce 任务可能会内存溢出)。
```
        </description>
    </property>
    <property>
        <name>fs.trash.interval</name>
        <value>1440</value>
    </property>
</configuration>
```

以下配置 hdfs-site.xml（这里配置 namenode HA）。

```
<configuration>
<!-- NameNode related configuration **BEGIN** -->
<property>
    <name>dfs.support.append</name>
    <value>true</value>
</property>
<property>
    <name>dfs.replication</name>
    <value>3</value>
    <description></description>
</property>
<property>
    <name>dfs.namenode.name.dir</name>
    <value>/opt/hadoop/dfs.namenode.name.dir,/opt/hadoopnfs/dfs.namenode.name.dir</value>
    <description> namenode 存放 name table(fsimage) 本地目录（需要修改）</description>
</property>
<property>
    <name>dfs.blocksize</name>
    <value>134217728</value>
```

```xml
        <description>
            HDFS blocksize of 128MB for large file-systems.
            Minimum block size is 1048576.
        </description>
    </property>
    <property>
        <name>dfs.namenode.handler.count</name>
        <value>10</value>
        <description>More NameNode server threads to handle RPCs from large
            number of DataNodes.</description>
    </property>
    <!-- <property> <name>dfs.namenode.hosts</name>
<value>master</value> <description>If
        necessary, use this to control the list of allowable
datanodes.</description>
        </property> <property> <name>dfs.namenode.hosts.exclude</name>
<value>slave1,slave2,slave3</value>
        <description>If necessary, use this to control the list of exclude
datanodes.</description>
        </property> -->
    <!-- NameNode related configuration **END** -->
    <!-- DataNode related configuration **BEGIN** -->
    <property>
        <name>dfs.datanode.data.dir</name>
        <value>/opt/hadoop/datanode</value>
     <description>datanode 存放 block 本地目录（需要修改,最好是配置多个目录）</description>
    </property>
    <!-- NN HA related configuration **BEGIN** -->
    <property>
    <!-- -->
        <name>dfs.nameservices</name>
        <value>abchadoop</value>
```

```xml
        <description>nameservices 逻辑名
            Comma-separated list of nameservices.
            as same as fs.defaultFS in core-site.xml.
        </description>
    </property>
    <property>
    <!-- -->
        <name>dfs.ha.namenodes.abchadoop</name>
        <value>nn1,nn2</value>
        <description>设置 NameNode IDs 此版本最大只支持两个 NameNode
            The prefix for a given nameservice, contains a comma-separated
            list of namenodes for a given nameservice (eg
EXAMPLENAMESERVICE).
        </description>
    </property>
    <property>
    <!-- -->
        <name>dfs.namenode.rpc-address.abchadoop.nn1</name>
        <value>192.168.100.131:8020</value>
        <description>Hdfs HA: dfs.namenode.rpc-address.[nameservice ID]
rpc 通信地址
            RPC address for nomenode1 of hadoop-test
        </description>
    </property>
    <property>
        <name>dfs.namenode.rpc-address.abchadoop.nn2</name>
        <value>192.168.100.132:8020</value>
        <description>
            RPC address for nomenode2 of hadoop-test
        </description>
    </property>
    <property>
    <!-- -->
        <name>dfs.namenode.http-address.abchadoop.nn1</name>
```

```xml
            <value>192.168.100.131:50070</value>
            <description>Hdfs HA: dfs.namenode.http-address.[nameservice ID] http通信地址
                The address and the base port where the dfs namenode1 web ui will listen
                on.
            </description>
        </property>
        <property>
            <name>dfs.namenode.http-address.abchadoop.nn2</name>
            <value>192.168.100.132:50070</value>
            <description>
                The address and the base port where the dfs namenode2 web ui will listen
                on.
            </description>
        </property>
        <property>
            <name>dfs.namenode.servicerpc-address.abchadoop.n1</name>
            <value>192.168.100.131:53310</value>
        </property>
        <property>
            <name>dfs.namenode.servicerpc-address.abchadoop.n2</name>
            <value>192.168.100.132:53310</value>
        </property>
    <--===NameNode auto failover base ZKFC and ZooKeeper===-->
        <property>
            <name>dfs.ha.automatic-failover.enabled.abchadoop</name>
            <value>true</value>
            <description>开启基于ZooKeeper及ZKFC进程的自动备援设置,监视进程是否死掉
                Whether automatic failover is enabled. See the HDFS High
                Availability documentation for details on automatic HA
                configuration.
```

```xml
        </description>
    </property>
    <property>
    <!-- -->
        <name>dfs.client.failover.proxy.provider.abchadoop</name>
        <value>org.apache.hadoop.hdfs.server.namenode.ha.ConfiguredFailoverProxyProvider</value>
        <description>DataNode,Client连接Namenode识别选择Active NameNode策略
        Configure the name of the Java class which will be used
        by the DFS Client to determine which NameNode is the current Active,
        and therefore which NameNode is currently serving client requests.
        这个类是Client的访问代理,是HA特性对于Client透明的关键!
        </description>
    </property>
    <--===Namenode fencing: =====-->
    <property>
    <!-- -->
        <name>dfs.ha.fencing.methods</name>
        <value>sshfence</value>
        <description>how to communicate in the switch processFailover后防止停掉的Namenode启动,造成两个服务</description>
    </property>
    <property>
        <name>dfs.ha.fencing.ssh.private-key-files</name>
        <value>/home/hadoop/.ssh/id_rsa</value>
        <description>the location stored ssh key</description>
    </property>
    <property>
    <-- -->
```

```xml
    <name>dfs.ha.fencing.ssh.connect-timeout</name>
    <value>1000</value>
     <description>多少 milliseconds 认为 fencing 失败</description>
</property>
<property>
<!-- -->
    <name>dfs.journalnode.edits.dir</name>
    <value>/opt/hadoop/hdfs_dir/journal/</value>
     <description>JournalNode 存放数据地址</description>
</property>
<property>
<!-- -->
<!-- -->
    <name>dfs.namenode.shared.edits.dir</name>
    <value>qjournal://192.168.100.132:8485;192.168.100.141:8485;192.168.100.142:8485/abc-journal
    </value>
    <description>A directory on shared storage between the multiple
        namenodes in an HA cluster. This directory will be written by
the active and read by the standby in order to keep the namespaces synchronized.
This directory does not need to be listed in dfs.namenode.edits.dir above.
It should be left empty in a non-HA cluster.设置 JournalNode 服务器地址，
QuorumJournalManager 用于存储 editlog 格式：qjournal://<host1:port1>;
<host2:port2>;<host3:port3>/<journalId> 端口同 journalnode.rpc-address
    </description>
</property>
<!-- NN HA related configuration **END** -->
<!--s -->
<property>
    <name>dfs.webhdfs.enabled</name>
    <value>true</value>
</property>
<description>开启 web hdf</description>
</configuration>
```

以下是配置 yarn-site.xml（resourcemanager Ha）。

```xml
<configuration>
  <!-- Site specific YARN configuration properties -->
<property>
   <name>yarn.acl.enable</name>
   <value>false</value>
   <description>Enable ACLs? Defaults to false.</description>
</property>
<property>
   <name>yarn.admin.acl</name>
   <value>*</value>
   <description>
   ACL to set admins on the cluster. ACLs are of for comma-separated-usersspace comma-separated-groups.
   Defaults to special value of * which means anyone. Special value of just space means no one has access.
   </description>
</property>
<property>
<!-- -->
   <name>yarn.log-aggregation-enable</name>
   <value>false</value>
   <description>Configuration to enable or disable log aggregation 是否启用日志聚集功能</description>
</property>
<!-- ResourceManager and NodeManager related configuration ***END*** -->

<!-- ResourceManager related configuration ***BEGIN*** -->
<property>
<!---->
   <name>yarn.resourcemanager.connect.retry-interval.ms</name>
   <value>2000</value>
   <description>  rm 连接失败的重试间隔</description>
</property>
```

```xml
<property>
 <!-- -->
  <name>yarn.resourcemanager.ha.enabled</name>
  <value>true</value>
    <description> 是否采用HA</description>
</property>
<property>
<!---->
  <name>yarn.resourcemanager.ha.automatic-failover.enabled</name>
  <value>true</value>
    <description> 启动自动故障转移,默认为false</description>
</property>
<property>
  <name>yarn.resourcemanager.ha.automatic-failover.embedded</name>
  <value>true</value>
</property>
<property>
<!-- -->
  <name>yarn.resourcemanager.cluster-id</name>
  <value>rm-cluster</value>
 <description> 集群名称,确保HA选举时对应的集群</description>
</property>
<property>
  <name>yarn.resourcemanager.ha.rm-ids</name>
  <value>rm1,rm2</value>
</property>
<property>
配置当前的rm节点,这个地方要注意,在rm1这个机器上时,配置为rm1
在rm2这台机器上时,需要配置为rm2.它们之间通过ZK来实现active操作
  <name>yarn.resourcemanager.ha.id</name>
  <value>rm1</value>
</property>
<property>
  <name>yarn.resourcemanager.recovery.enabled</name>
```

```xml
    <value>true</value>
  </property>
  <property>
```
启用一个内嵌的故障转移，与 ZKRMStateStore 一起使用
```xml
    <name>yarn.resourcemanager.store.class</name>
    <value>org.apache.hadoop.yarn.server.resourcemanager.recovery.ZKRMStateStore</value>
  </property>
  <property>
    <name>yarn.resourcemanager.zk-address</name>
    <value>192.168.100.132:2181,192.168.100.141:2181,192.168.100.142:2181</value>
  </property>
  <!-- RM1 configs -->
  <property>
  <!-- Client 访问 RM 的 RPC 地址 (applications manager interface) -->
    <name>yarn.resourcemanager.address.rm1</name>
    <value>192.168.100.141:8032</value>
  </property>
  <property>
  <!-- AM 访问 RM 的 RPC 地址 (scheduler interface) -->
    <name>yarn.resourcemanager.scheduler.address.rm1</name>
    <value>192.168.100.141:8030</value>
  </property>
  <property>
    <name>yarn.resourcemanager.webapp.https.address.rm1</name>
    <value>192.168.100.141:8090</value>
  </property>
  <property>
  <!-- RM web application 地址 -->
    <name>yarn.resourcemanager.webapp.address.rm1</name>
    <value>192.168.100.141:8088</value>
  </property>
  <property>
```

```xml
<!--NM 访问 RM 的 RPC 端口 -->
  <name>yarn.resourcemanager.resource-tracker.address.rm1</name>
  <value>192.168.100.141:8031</value>
</property>
<property>
<!-- RM admin interface -->
  <name>yarn.resourcemanager.admin.address.rm1</name>
  <value>192.168.100.141:8033</value>
</property>
<!-- RM2 configs -->
<property>
  <name>yarn.resourcemanager.address.rm2</name>
  <value>192.168.100.142:8032</value>
</property>
<property>
  <name>yarn.resourcemanager.scheduler.address.rm2</name>
  <value>192.168.100.142:8030</value>
</property>
<property>
  <name>yarn.resourcemanager.webapp.https.address.rm2</name>
  <value>192.168.100.142:8090</value>
</property>
<property>
  <name>yarn.resourcemanager.webapp.address.rm2</name>
  <value>192.168.100.142:8088</value>
</property>
<property>
  <name>yarn.resourcemanager.resource-tracker.address.rm2</name>
  <value>192.168.100.142:8031</value>
</property>
<property>
  <name>yarn.resourcemanager.admin.address.rm2</name>
  <value>192.168.100.142:8033</value>
</property>
```

```xml
        <!-- ResourceManager related configuration ***END*** -->
        <!-- NodeManager related configuration ***BEGIN*** -->
        <property>
            <name>yarn.nodemanager.local-dirs</name>
            <value>/opt/hadoop/hadoop-2.4/yarn_dir/local</value>
            <description>中间结果存放位置，类似于 1.0 中的 mapred.local.dir。注意，这个参数通常会配置多个目录，已分摊磁盘 IO 负载。
            Comma-separated list of paths on the local filesystem where intermediate data is written.
            Multiple paths help spread disk i/o.
            </description>
        </property>
        <property>
            <name>yarn.nodemanager.log-dirs</name>
            <value>/opt/hadoop/hadoop-2.4/yarn_dir/local</value>
            <description>日志存放地址（可配置多个目录）
            Comma-separated list of paths on the local filesystem where logs are written.
            Multiple paths help spread disk i/o.
            </description>
        </property>
        <property>
            <name>yarn.nodemanager.log.retain-seconds</name>
            <value>10800</value>
            <description>NodeManager 上日志最多存放时间（不启用日志聚集功能时有效）
            Default time (in seconds) to retain log files on the NodeManager.
            ***Only applicable if log-aggregation is disabled.
            </description>
        </property>
        <property>
            <name>yarn.nodemanager.remote-app-log-dir</name>
            <value>/opt/hadoop/hadoop-2.4/yarn_dir/log-aggregation</value>
```

```xml
        <description>当应用程序运行结束后，日志被转移到的 HDFS 目录（启用日志聚
集功能时有效）
        HDFS directory where the application logs are moved on application
completion.
        Need to set appropriate permissions.
        ***Only applicable if log-aggregation is enabled.
        </description>
    </property>
    <property>
        <name>yarn.nodemanager.remote-app-log-dir-suffix</name>
        <value>logs</value>
        <description>
        Suffix appended to the remote log dir.
        Logs will be aggregated to
${yarn.nodemanager.remote-app-log-dir}/${user}/${thisParam}.
        ***Only applicable if log-aggregation is enabled.
        </description>
    </property>
    <property>
        <name>yarn.nodemanager.aux-services</name>
        <value>mapreduce_shuffle</value>
        <description>Shuffle service that needs to be set for Map Reduce
applications.</description>
    </property>
    <property>
        <name>yarn.nodemanager.aux-services.mapreduce.shuffle.class</name>
        <value>org.apache.hadoop.mapred.ShuffleHandler</value>
    </property>
```

这里要说明一下，为了能够运行 MapReduce 程序，需要让各个 NodeManager 在启动时加载 shuffle server。shuffle server 实际上是 Jetty/Netty Server，Reduce Task 通过该 server 从各个 NodeManager 上远程复制 Map Task 产生的中间结果。

上面增加的两个配置均用于指定 shuffle server。

```xml
        <!-- History Server related configuration ***BEGIN*** -->
        <property>
            <name>yarn.log-aggregation.retain-seconds</name>
            <value>-1</value>
            <description> 在 HDFS 上聚集的日志最多保存多长时间
                How long to keep aggregation logs before deleting them. -1 disables.
Be careful, set this too small and you will spam the name node.
            </description>
        </property>
        <property>
            <name>yarn.log-aggregation.retain-check-interval-seconds</name>
            <value>-1</value>
            <description>多长时间检查一次日志,并将满足条件的删除,如果是 0 或者负数,
则为上一个值的 1/10;默认值为-1
                Time between checks for aggregated log retention.
                If set to 0 or a negative value then the value is computed as
one-tenth of the aggregated log retention time.
                Be careful, set this too small and you will spam the name node.
            </description>
        </property>
        <!-- History Server related configuration ***END*** -->
    </configuration>
```

以下是配置 mapred-site.xml。

```xml
    <configuration>
     <property>
         <name>mapreduce.framework.name</name>
         <value>yarn</value>
          <!-- 配置 MapReduce Applications -->
         <description>Execution framework set to Hadoop YARN.</description>
     </property>
     <!--
```

```xml
        <property>
            <name>mapreduce.map.memory.mb</name>
            <value>10100</value>
            <description>Larger resource limit for maps.</description>
        </property>
        <property>
            <name>mapreduce.map.java.opts</name>
            <value>-Xmx10100M</value>
            <description>Larger heap-size for child jvms of maps.</description>
        </property>

        <property>
            <name>mapreduce.reduce.memory.mb</name>
            <value>10100</value>
            <description>Larger resource limit for reduces.</description>
        </property>
        <property>
            <name>mapreduce.reduce.java.opts</name>
            <value>-Xmx10100M</value>
            <description>Larger heap-size for child jvms of reduces.</description>
        </property>
        <property>
            <name>mapreduce.task.io.sort.mb</name>
            <value>10100</value>
            <description>Higher memory-limit while sorting data for efficiency.</description>
        </property>
        <property>
            <name>mapreduce.task.io.sort.factor</name>
            <value>10</value>
            <description>More streams merged at once while sorting files.</description>
```

```xml
        </property>
        <property>
            <name>mapreduce.reduce.shuffle.parallelcopies</name>
            <value>20</value>
            <description>Higher number of parallel copies run by reduces to fetch outputs from very large number of maps.</description>
        </property>-->
        <!-- MapReduce Applications related configuration ***END*** -->
        <!-- MapReduce JobHistory Server related configuration ***BEGIN*** -->
        <property>
            <name>mapreduce.jobhistory.address</name>
            <value>192.168.100.141:10020</value>
            <description>配置 MapReduce JobHistory Server 地址，默认端口 10020
            MapReduce JobHistory Server host:port.  Default port is 10020.</description>
        </property>
        <property>
            <name>mapreduce.jobhistory.webapp.address</name>
            <value>192.168.100.141:19888</value>
            <description>配置 MapReduce JobHistory Server web ui 地址，默认端口为 19888
            MapReduce JobHistory Server Web UI host:port. Default port is 19888.</description>
        </property>
        <property>
            <name>mapreduce.jobhistory.intermediate-done-dir</name>
            <value>/tmp/mr_history/tmp</value>
            <description>MapReduce 作业产生的日志存放位置  Directory where history files are written by MapReduce jobs.</description>
        </property>
        <property>
            <name>mapreduce.jobhistory.done-dir</name>
            <value>/tmp/mr_history/done</value>
```

```xml
<description>MR JobHistory Server 管理的日志的存放位置 Directory where history files are managed by the MR JobHistory Server.</description>
    </property>
</configuration>
```

以下是配置 slaves。

配置如下 IP（也可以 HOSTNAME）
192.168.100.132
192.168.100.141
192.168.100.142

以下是配置环境变量和创建目录。

编辑文件/etc/profile.d/hadoop.sh
export JAVA_HOME=/opt/jdk1.6.0_26/
export CLASSPATH=.:$CLASSPATH:$JAVA_HOME/lib:$JAVA_HOME/jre/lib
export HADOOP_INSTALL=/home/hadoop/hadoop
export HADOOP_HOME=/home/hadoop/hadoop
export HADOOP_DEV_HOME=/home/hadoop/hadoop
export HADOOP_PREFIX=/home/hadoop/hadoop
export LD_LIBRARY_PATH=$HADOOP_HOME/lib/native
export PATH=$PATH:$HADOOP_DEV_HOME/bin
export PATH=$PATH:$HADOOP_DEV_HOME/sbin
export HADOOP_MAPARED_HOME=${HADOOP_DEV_HOME}
export HADOOP_COMMON_HOME=${HADOOP_DEV_HOME}
export HADOOP_HDFS_HOME=${HADOOP_DEV_HOME}
export YARN_HOME=${HADOOP_DEV_HOME}
export HADOOP_YARN_HOME=${HADOOP_DEV_HOME}
export HADOOP_CLIENT_CONF_DIR=${HADOOP_DEV_HOME}/etc/hadoop
export HADOOP_CONF_DIR=${HADOOP_DEV_HOME}/etc/hadoop
export HDFS_CONF_DIR=${HADOOP_DEV_HOME}/etc/hadoop
export YARN_CONF_DIR=${HADOOP_DEV_HOME}/etc/hadoop
export CLASSPATH=".:$JAVA_HOME/lib:$CLASSPATH"
export PATH="$JAVA_HOME/:$HADOOP_PREFIX/bin:$PATH"
export HADOOP_COMMON_LIB_NATIVE_DIR=${HADOOP_PREFIX}/lib/native

```
export HADOOP_OPTS="-Djava.library.path=$HADOOP_PREFIX/lib/native"
```
针对上面的配置文件创建相应的本地目录
```
mkdir /opt/hadoop;chown -R hadoop:hadoop /opt/hadoop
mkdir -p /opt/hadoop/dfs.namenode.name.dir
mkdir -p/opt/hadoop/datanode
mkdir -p/opt/hadoop/hdfs_dir/journal/
mkdir -p/opt/hadoop/hadoop-2.4/yarn_dir/local
mkdir -p/opt/hadoop/hadoop-2.4/yarn_dir/log-aggregation
```
最后确认把以上配置文件复制到所有的节点中。

8.7.3 启动集群

首先是格式化 ZK（仅第一次需要做），在任意 ZK 节点上执行 hdfs zkfc –formatZK。

然后是启动 ZKFC，ZooKeeperFailoverController 是用来监控 NN 状态，协助实现主备 NN 切换的，所以仅仅在主备 NN 节点上启动就行。

```
sbin/hadoop-daemon.sh start zkfc
```

启动后可以用 jps 查看一下。

```
[hadoop@hadoop132~]$ jps
28288 DFSZKFailoverController
```
启动用于主备 NN 之间同步元数据信息的共享存储系统 JournalNode

参见角色分配表，在各个 JN 节点上启动。

```
sbin/hadoop-daemon.sh start journalnode
[hadoop@hadoop132~]$ jps
478 JournalNode
```
格式化并启动主 NN

格式化如下：

```
bin/hdfs namenode -format
```

注意：只有第一次启动系统时需格式化，请勿重复格式化！

在主 NN 节点执行命令启动 NN。

```
sbin/hadoop-daemon.sh start namenode
```

在 NN 上同步主 NN 的元数据信息。

```
bin/hdfs namenode -bootstrapStandby
```
启动备 NN

在备 NN 上执行命令。

```
sbin/hadoop-daemon.sh start namenode
```

设置主 NN（这一步可以省略，这是在设置手动切换 NN 时的步骤，ZK 已经自动选择一个节点作为主 NN 了）。

到目前为止，其实 HDFS 还不知道谁是主 NN，可以通过监控页面查看，两个节点的 NN 都是 Standby 状态。

下面我们需要在主 NN 节点上执行命令以激活主 NN。

```
bin/hdfs haadmin -transitionToActive nn1
```

在主 NN 上启动 Datanode。

```
sbin/hadoop-daemons.sh start datanode
```

启动 yarn。

在 rm1 主 RM 所在节点执行。

```
start-yarn.sh
```

也可以分 RM、NM 启动。

```
sbin/yarn-daemon.sh start resourcemanager
sbin/yarn-daemon.sh start nodemanager)
```
在 rm2

RM 所在节点执行。

```
sbin/yarn-daemon.sh start resourcemanager
```

在运行 MRJS 的节点上执行以下命令启动 MR JobHistory Server。

```
sbin/mr-jobhistory-daemon.sh start historyserver
```

8.7.4 配置 NAMENODE FEDERATION+HA

首先确定集群里的机器角色修改如下。

192.168.100.131（主 namnode）----------192.168.100.132 (namenode)

192.168.100.141（主 namnode）----------192.168.100.142 (namenode)

然后修改文件 core-site.xml。

```xml
<configuration>
<property>
        <name>fs.default.name</name>
        <value>viewfs://abc</value>
    </property>
    <property>
        <name>fs.viewfs.mounttable.abc.link./user</name>
        <value>hdfs://myhadoop1/user</value>
    </property>
    <property>
        <name>fs.viewfs.mounttable.abc.link./hbase</name>
        <value>hdfs://myhadoop1/hbase</value>
    </property>
    <property>
        <name>fs.viewfs.mounttable.abc.link./tmp</name>
        <value>hdfs://myhadoop2/tmp</value>
    </property>
    <property>
        <name>fs.viewfs.mounttable.abc.link./warehouse</name>
        <value>hdfs://myhadoop2/warehouse</value>
    </property>
  <property>
    <name>hadoop.tmp.dir</name>
    <value>/opt/hadoop/hadoop-2.4/data</value>
```

```xml
        </property>
        <property>
            <name>ha.ZooKeeper.quorum</name>
            <value>192.168.100.132:2181,192.168.100.141:2181,192.168.100.142:2181</value>
            <description>注意,配置了 ZK 以后,在格式化、启动 NameNode 之前必须先启动 ZK,否则会报连接错误
            </description>
        </property>
</configuration>
```

这里是配置 viewfs,为各个 namespace 提供一个统一的视图(viewfs)

fs.viewfs.mounttable.abc.link./user

fs.viewfs.mounttable.abc.link./hbase

把 namespace(name service) "myhadoop1"挂载到"/user","/hbase"目录下

fs.viewfs.mounttable.abc.link./tmp

fs.viewfs.mounttable.abc.link./warehouse

把 namespace(name service) "myhadoop2"挂载到"/tmp","/warehouse"目录下

接下来修改 hdfs-sites.xml。

```xml
<configuration>
    <property>
        <name>dfs.nameservices</name>
        <value>myhadoop1,myhadoop2</value>
        <description>
            Comma-separated list of nameservices.
            as same as fs.defaultFS in core-site.xml.
        </description>
    </property>
    <property>
        <name>dfs.replication</name>
        <value>1</value>
        <description></description>
    </property>
```

```xml
<property>
    <name>dfs.ha.namenodes.myhadoop1</name>
    <value>hadoop131,hadoop132</value>
</property>
<property>
    <name>dfs.namenode.rpc-address.myhadoop1.hadoop131</name>
    <value>hadoop131:9010</value>
</property>
<property>
    <name>dfs.namenode.http-address.myhadoop1.hadoop131</name>
    <value>hadoop131:30010</value>
</property>
 <property>
    <name>dfs.namenode.rpc-address.myhadoop1.hadoop132</name>
    <value>hadoop132:9010</value>
</property>
<property>
    <name>dfs.namenode.http-address.myhadoop1.hadoop132</name>
    <value>hadoop132:30010</value>
</property>
<property>
    <name>dfs.datanode.address</name>
    <value>hdfs://192.168.100.132:40010</value>
</property>
  <property>
    <name>dfs.datanode.ipc.address</name>
    <value>hdfs://192.168.100.132:30020</value>
</property>
 <property>
    <name>dfs.datanode.http.address</name>
    <value>hdfs://192.168.100.132:30075</value>
</property>
<property>
    <name>dfs.ha.automatic-failover.enabled.myhadoop1</name>
```

```xml
        <value>true</value>
        <description>
            Whether automatic failover is enabled. See the HDFS High
            Availability documentation for details on automatic HA
            configuration.
        </description>
    </property>
    <property>
        <name>dfs.client.failover.proxy.provider.myhadoop1</name>
        <value>org.apache.hadoop.hdfs.server.namenode.ha.ConfiguredFailoverProxyProvider
        </value>
        <description>Configure the name of the Java class which will be used
            by the DFS Client to determine which NameNode is the current Active,
            and therefore which NameNode is currently serving client requests.
            这个类是Client的访问代理,是HA特性对于Client透明的关键!
        </description>
    </property>
    <property>
        <name>dfs.namenode.servicerpc-address.myhadoop1.hadoop131 </name>
        <value>192.168.100.131:53310</value>
    </property>
    <property>
        <name>dfs.namenode.servicerpc-address.myhadoop1.hadoop132 </name>
        <value>192.168.100.132:53310</value>
    </property>
    <property>
        <name>dfs.ha.fencing.methods</name>
        <value>sshfence</value>
        <description>how to communicate in the switch process </description>
    </property>
    <property>
```

```xml
        <name>dfs.ha.fencing.ssh.private-key-files</name>
        <value>/home/hadoop/.ssh/id_rsa</value>
        <description>the location stored ssh key</description>
    </property>
    <property>
        <name>dfs.ha.fencing.ssh.connect-timeout</name>
        <value>1000</value>
    </property>
    <property>
        <name>dfs.journalnode.edits.dir</name>
        <value>/opt/hadoop/hadoop-2.4/hdfs_dir/journal/</value>
    </property>
    <--dfs.namenode.shared.edits.dir 的配置在 131 和 132 上用以下这个-->
    <property>
        <name>dfs.namenode.shared.edits.dir</name>
        <value>qjournal://192.168.100.132:8485;192.168.100.141:8485;192.168.100.142:8485/myhadoop1
        </value>
        <description>A directory on shared storage between the multiple namenodes
            in an HA cluster. This directory will be written by the active and read
            by the standby in order to keep the namespaces synchronized. This directory
            does not need to be listed in dfs.namenode.edits.dir above. It should be
            left empty in a non-HA cluster.
        </description>
    </property>
    <!-- NN HA related configuration **END** -->
    <property>
        <name>dfs.ha.namenodes.myhadoop2</name>
        <value>hadoop141,hadoop142</value>
    </property>
```

```xml
<property>
    <name>dfs.namenode.rpc-address.myhadoop2.hadoop141</name>
    <value>hadoop141:9010</value>
</property>
<property>
    <name>dfs.namenode.http-address.myhadoop2.hadoop141</name>
    <value>hadoop141:30010</value>
</property>
<property>
    <name>dfs.namenode.rpc-address.myhadoop2.hadoop142</name>
    <value>hadoop142:9010</value>
</property>
<property>
    <name>dfs.namenode.http-address.myhadoop2.hadoop142</name>
    <value>hadoop142:30010</value>
</property>
<property>
    <name>dfs.namenode.servicerpc-address.myhadoop2.hadoop141 </name>
    <value>192.168.100.141:53310</value>
</property>
<property>
    <name>dfs.namenode.servicerpc-address.myhadoop2.hadoop142 </name>
    <value>192.168.100.142:53310</value>
</property>
<--
<--dfs.namenode.shared.edits.dir 的配置在 141 和 142 上用以下这个-->
<property>
    <name>dfs.namenode.shared.edits.dir</name>
    <value>qjournal://192.168.100.132:8485;192.168.100.141:8485;192.168.100.142:8485/myhadoop2</value>
</property>
```

这里的这段代码是注释掉的，不要打开。

```xml
-->
```

```xml
        <property>
            <name>dfs.ha.automatic-failover.enabled.myhadoop2</name>
            <value>true</value>
        </property>
        <property>
            <name>dfs.client.failover.proxy.provider.myhadoop2</name>
            <value>org.apache.hadoop.hdfs.server.namenode.ha.ConfiguredF
ailoverProxyProvider</value>
        </property>
        <!-- NameNode related configuration **BEGIN** -->
        <property>
            <name>dfs.namenode.name.dir</name>
            <value>file:///opt/hadoop/hadoop-2.4/data/dfs/name</value>
            <description>Path on the local filesystem where the NameNode
stores the namespace and transactions logs persistently.If this is a
     comma-delimited list of directories then the name table is replicated
     in all of the directories, for redundancy.</description>
        </property>
        <property>
            <name>dfs.blocksize</name>
            <value>1048576</value>
            <description>
            HDFS blocksize of 128MB for large file-systems.
            Minimum block size is 1048576.
            </description>
        </property>
        <property>
            <name>dfs.namenode.handler.count</name>
            <value>10</value>
            <description>More NameNode server threads to handle RPCs from large
                number of DataNodes.</description>
        </property>
        <!-- <property> <name>dfs.namenode.hosts</name> <value>master
</value> <description>If
```

```xml
                necessary, use this to control the list of allowable
datanodes.</description>
            </property> <property> <name>dfs.namenode.hosts.exclude</name>
<value>slave1,slave2,slave3</value>
                <description>If necessary, use this to control the list of exclude
datanodes.</description>
            </property> -->
    <!-- NameNode related configuration **END** -->
    <!-- DataNode related configuration **BEGIN** -->
    <property>
        <name>dfs.datanode.data.dir</name>
        <value>file:///opt/hadoop/hadoop-2.4/data/dfs/data</value>
        <description>Comma separated list of paths on the local filesystem
of a DataNode where it should store its blocks.If this is a
    comma-delimited list of directories, then data will be stored in all
    named directories, typically on different devices.</description>
    </property>
</configuration>
```

要注意的是，这里需要用 Federation 的格式化方式初始化两台，每个 HA 环境一台，保证 ${CLUSTER_ID} 一致，然后分别同步 name.dir 下的元数据到 HA 环境里的另一台上，再正常启动集群。

> 在 192.168.100.131 上执行格式化
>
> $HADOOP_HOME/bin/hdfs namenode -format-clusterId abc
>
> 在 192.168.100.141 上执行格式化
>
> $HADOOP_HOME/bin/hdfs namenode -format-clusterId abc

以上可以正常启动主 namenode 的节点的服务，备 namenode 的节点的服务按照之前的步骤执行就可以了。

因为配置了 viewfs 和挂载目录（注意在 Hadoop 客户机上也需要同样的配置），用户可以运行以下命令：

> $HADOOP_HOME/bin/hdfs dfs -ls /

用户也可以不通过 viewfs 直接查看每个 namenode/namespace 的目录和文件。

```
$HADOOP_HOME/bin/hdfs dfs -ls hdfs://myhadoop1/
$HADOOP_HOME/bin/hdfs dfs -ls hdfs://myhadoop2/
```

最后可以通过 web ui 界面来查看集群地址。

```
ResourceManager http://192.168.100.141:8088/cluster
NodeManager http://192.168.100.141:8042/node
NameNode http://192.168.100.131:50070/dfshealth.html#tab-overview
JobHistory http://192.168.100.141:19888/jobhistory
```

8.8 Ganglia 简介

8.8.1 Ganglia 的基本概念

本节简单介绍针对 Hadoop 集群监控 Ganglia。

Ganglia 是 UC Berkeley 发起的一个开源集群监视项目，设计用于测量数以千计的节点。Ganglia 的核心包含 gmond、gmetad 以及一个 Web 前端，主要是用来监控系统性能，如 CPU、mem、硬盘利用率、I/O 负载、网络流量情况等，通过曲线很容易看到每个节点的工作状态，对合理调整、分配系统资源、提高系统整体性能起到了重要作用。

每台计算机都运行一个收集和发送度量数据的名为 gmond 的守护进程。接收所有度量数据的主机可以显示这些数据，并将这些数据的精简表单传递到层次结构中。正因为有这种层次结构模式，才使得 Ganglia 可以实现良好的扩展。gmond 带来的系统负载非常少，这使得它成为在集群中各台计算机上运行的一段代码，而不会影响用户性能。所有这些数据多次收集会影响节点性能。网络中的"抖动"发生在大量小消息同时出现时，可以通过将节点时钟保持一致来避免这个问题。

gmetad 可以部署在集群内任一台节点或者通过网络连接到集群的独立主机，通过单播路由的方式与 gmond 通信，收集区域内节点的状态信息，并以 XML 数据的形式保存在数据库中。由 RRDTool 工具处理数据，并生成相应的图形显示，以 Web 方式直观地提供给客户端。

8.8.2 Ganglia 的工作原理

Ganglia 包括以下几个程序，程序之间通过 XDL（xml 的压缩格式）或者 XML 格式传递监控数据，达到监控效果。集群内的节点通过运行 gmond 收集发布节点状态信息，然后 gmetad 周期性地轮询 gmond 收集到的信息，并存入 rrd 数据库，通过 Web 服务器可以对其进行查询展示。

（1）gmetad 程序负责周期性地到各个 datasource 收集 cluster 的数据，并更新到 rrd 数据库中，可以把它理解为服务端。

（2）gmond 收集本机的监控数据，发送到其他机器上，收集其他机器的监控数据，gmond 之间通过 udp 通信，传递文件格式为 xdl。收集的数据供 gmetad 读取，默认监听端口为 8649，监听到 gmetad 请求后发送 xml 格式的文件，可以把它理解为客户端。

（3）Web 前端是一个基于 Web 的监控界面，通常和 gmetad 安装在同一个节点上（还需确认是否可以不在一个节点上，因为 PHP 的配置文件中 ms 可配置 gmetad 的地址及端口），它从 gmetad 获取数据，并且读取 rrd 数据库，生成图片显示出来。

如图 8-16 所示，gmetad 周期性地去 gmond 节点或者 gmetad 节点获取数据。一个 gmetad 可以设置多个 datasource，每个 datasource 可以有多个备份。如果一个失败了，还可以去其他 host 取数据。

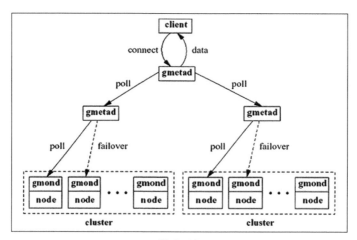

图 8-16

如果是 muticast 模式的话，gmond 之间还会通过多播来相互传递数据。gmond 本身具有 udp send 和 receive 通道，还有一个 tcp recv 通道。其中 udp 通道用于向其他 gmond 节点发送或接收数据，tcp 则用来 export xml 文件，主要接受来自 gmetad 的请求。gmetad 只有 tcp 通道，一方面向 datasource 发送请求，另一方面会使用一个 tcp 端口，发布自身收集的 xml 文件，默认使用 8651 端口。所以 gmetad 既可以从 gmond，也可以从其他的 gmetad 得到 xml 数据。

gmond 节点内部模块如图 8-17 所示，gmond 节点内部结构主要由 3 个模块组成。第一个是 collect and publish 模块，该模块周期性在调用一些内部指令获得 metric data，然后将这些数据通过 udp 通道发布给其他 gmond 节点。第二个是 Listen Threads 模块，监听其他 gmond 节点地发送的 udp 数据，然后将数据存放到内存中。第三个是 XML export thread 模块，主要负责将数据以 xml 格式发布出去，比如交给 gmetad。

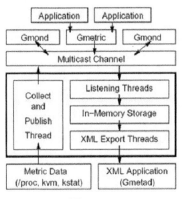

图 8-17

整个 Ganglia 系统的构成包括以下几个方面。

（1）gmetad：收集各节点的数据，并保存到数据库中。

（2）gmond：收集本地机器的信息，并发送数据。

（3）rrdtool：Round Robin Database Tool 是一个强大的绘图引擎，很多工具如 MRTG，都可以调用 rrdtool 绘图。

（4）apache：Web 服务器.。

（5）php：执行环境，webfrontend 使用 PHP 开发。

（6）一台监控服务器。

（7）多台被监控机。

图 8-18 所示为 Ganglia 的整个工作过程。

首先管理节点通过 gmetad.conf 配置文件中的代理节点主机列表地址和代理节点相互通信。然后管理节点收集每个代理节点的机器运行信息，这些信息通过 XML 协议进行传输。在管理节点收集到代理节点的 XML 协议后，解析成管理节点需要的数据格式。然后通过管理节点的 PHP 程序调用 rrdtool 工具，将数据转换成图形。最后当用户在浏览器上输入管理节点的 URL 地址时，就可以看见图形化的数据了。

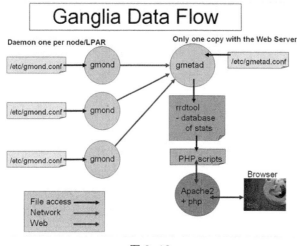

图 8-18

8.8.3 Ganglia 的配置

Ganglia 的配置还是比较简单的，和 Cacti、Zabbix 的安装差不多，同样需要的是 LAMP 环境。所以这里不再详细说明它的安装，只简单介绍它的配置文件。

Ganglia 服务器端的配置文件如下。

```
globals {
  daemonize = yes
  setuid = yes
  user = nobody
  debug_level = 0
  max_udp_msg_len = 1472
  mute = yes
```

```
  deaf = no
  allow_extra_data = yes
  host_dmax = 86400
  host_tmax = 20
  cleanup_threshold = 300
  gexec = no
  send_metadata_interval = 300
}
cluster {
  name = "XXXX"
}

udp_recv_channel {
  port = 8649
  retry_bind = true
  buffer = 10485760
}

udp_recv_channel {
  port = 8649
  bind = 127.0.0.1
  retry_bind = true
  buffer = 10485760
}

tcp_accept_channel {
  port = 8649
  gzip_output = no
}
```

Ganglia 客户端的配置文件如下：

```
globals {
  daemonize = yes
  setuid = yes
```

```
    user = nobody
    debug_level = 0
    max_udp_msg_len = 1472
    mute = no
    deaf = yes
    allow_extra_data = yes
    host_dmax = 86400
    host_tmax = 20
    cleanup_threshold = 300
    gexec = no
    send_metadata_interval = 300
}

cluster {
    name = "XXXX"
}

udp_send_channel {
    port = 8649
    host = 192.168.4.23
}

udp_send_channel {
    port = 8649
    host = 192.168.5.24
}

modules {
    module {
        name = "core_metrics"
    }

    module {
        name = "cpu_module"
```

```
    path = "modcpu.so"
  }
  module {
    name = "load_module"
    path = "modload.so"
  }
  module {
    name = "mem_module"
    path = "modmem.so"
  }
  module {
    name = "proc_module"
    path = "modproc.so"
  }
  module {
    name = "sys_module"
    path = "modsys.so"
  }
}

collection_group {
  collect_once = yes
  time_threshold = 20
  metric {
    name = "heartbeat"
  }
}

collection_group {
  collect_once = yes
  time_threshold = 1200
  metric {
    name = "cpu_num"
    title = "CPU Count"
```

```
    }
    metric {
      name = "cpu_speed"
      title = "CPU Speed"
    }
    metric {
      name = "mem_total"
      title = "Memory Total"
    }
    metric {
      name = "swap_total"
      title = "Swap Space Total"
    }
    metric {
      name = "boottime"
      title = "Last Boot Time"
    }
    metric {
      name = "machine_type"
      title = "Machine Type"
    }
    metric {
      name = "os_name"
      title = "Operating System"
    }
    metric {
      name = "os_release"
      title = "Operating System Release"
    }
    metric {
      name = "location"
      title = "Location"
    }
}
```

```
collection_group {
  collect_every = 20
  time_threshold = 90
  metric {
    name = "cpu_user"
    value_threshold = "1.0"
    title = "CPU User"
  }
  metric {
    name = "cpu_system"
    value_threshold = "1.0"
    title = "CPU System"
  }
  metric {
    name = "cpu_idle"
    value_threshold = "5.0"
    title = "CPU Idle"
  }
  metric {
    name = "cpu_nice"
    value_threshold = "1.0"
    title = "CPU Nice"
  }
  metric {
    name = "cpu_aidle"
    value_threshold = "5.0"
    title = "CPU aidle"
  }
  metric {
    name = "cpu_wio"
    value_threshold = "1.0"
    title = "CPU wio"
  }
  metric {
```

```
    name = "cpu_steal"
    value_threshold = "1.0"
    title = "CPU steal"
  }
  metric {
    name = "cpu_intr"
    value_threshold = "1.0"
    title = "CPU intr"
  }
  metric {
    name = "cpu_sintr"
    value_threshold = "1.0"
    title = "CPU sintr"
  }
}
collection_group {
  collect_every = 20
  time_threshold = 90
  metric {
    name = "load_one"
    value_threshold = "1.0"
    title = "One Minute Load Average"
  }
  metric {
    name = "load_five"
    value_threshold = "1.0"
    title = "Five Minute Load Average"
  }
  metric {
    name = "load_fifteen"
    value_threshold = "1.0"
    title = "Fifteen Minute Load Average"
  }
}
```

```
collection_group {
  collect_every = 80
  time_threshold = 950
  metric {
    name = "proc_run"
    value_threshold = "1.0"
    title = "Total Running Processes"
  }
  metric {
    name = "proc_total"
    value_threshold = "1.0"
    title = "Total Processes"
  }
}

collection_group {
  collect_every = 40
  time_threshold = 180
  metric {
    name = "mem_free"
    value_threshold = "1024.0"
    title = "Free Memory"
  }
  metric {
    name = "mem_shared"
    value_threshold = "1024.0"
    title = "Shared Memory"
  }
  metric {
    name = "mem_buffers"
    value_threshold = "1024.0"
    title = "Memory Buffers"
  }
  metric {
```

```
    name = "mem_cached"
    value_threshold = "1024.0"
    title = "Cached Memory"
  }
  metric {
    name = "swap_free"
    value_threshold = "1024.0"
    title = "Free Swap Space"
  }
}

include ("/opt/ganglia2/etc/conf.d/*.conf")
```

之所以不再介绍 Ganglia 的配置等操作，是因为以你现在可以配置 Cacti、Zabbix 这类监控软件，那么配置 Ganglia 也应该不在话下，它并不难。另外 Ganglia 的基础应用不多，大多是二次开发的。因为这方面需根据自己公司的业务开发，这里就不在赘述。下面举一个 Hadoop 的例子。

在所有 Hadoop 服务器的 conf 文件夹下，编辑 hadoop-metrics2.properties 文件如下：

```
# syntax: [prefix].[source|sink|jmx].[instance].[options]
# See package.html for org.apache.hadoop.metrics2 for details

*.sink.file.class=org.apache.hadoop.metrics2.sink.FileSink

#namenode.sink.file.filename=namenode-metrics.out

#datanode.sink.file.filename=datanode-metrics.out

#jobtracker.sink.file.filename=jobtracker-metrics.out

#tasktracker.sink.file.filename=tasktracker-metrics.out

#maptask.sink.file.filename=maptask-metrics.out

#reducetask.sink.file.filename=reducetask-metrics.out
```

```
    #
    # Below are for sending metrics to Ganglia
    #
    # for Ganglia 3.0 support
    # *.sink.ganglia.class=org.apache.hadoop.metrics2.sink.ganglia.GangliaSink30
    #
    # for Ganglia 3.1 support
     *.sink.ganglia.class=org.apache.hadoop.metrics2.sink.ganglia.GangliaSink31
     *.sink.ganglia.period=10
    # default for supportsparse is false
     *.sink.ganglia.supportsparse=true
     *.sink.ganglia.slope=jvm.metrics.gcCount=zero,jvm.metrics.memHeapUsedM=both
     *.sink.ganglia.dmax=jvm.metrics.threadsBlocked=70,jvm.metrics.memHeapUsedM=40

    namenode.sink.ganglia.servers=192.168.*.*:8649 192.168.*.*:8649

    datanode.sink.ganglia.servers=192.168.*.*:8649 192.168.*.*:8649

    jobtracker.sink.ganglia.servers=192.168.*.*:8649 192.168.*.*:8649

    tasktracker.sink.ganglia.servers=192.168.*.*:8649 192.168.*.*:8649

    maptask.sink.ganglia.servers=192.168.*.*:8649 192.168.*.*:8649

    reducetask.sink.ganglia.servers=192.168.*.*:8649 192.168.*.*:8649

    #dfs.class=org.apache.hadoop.metrics.spi.NullContextWithUpdateThread
    #zhh add
    dfs.class=org.apache.hadoop.metrics.ganglia.GangliaContext31
    dfs.period=10
    dfs.servers=192.168.*.*:8649 192.168.*.*:8649
```

```
mapred.class=org.apache.hadoop.metrics.ganglia.GangliaContext31
mapred.period=10

mapred.servers=192.168.*.*:8649 192.168.*.*:8649
#jvm.class=org.apache.hadoop.metrics.spi.NullContextWithUpdateThread
#jvm.period=300

jvm.class=org.apache.hadoop.metrics.ganglia.GangliaContext31
jvm.period=10
jvm.servers=192.168.*.*:8649 192.168.*.*:8649
```

在所有 Hadoop 服务器上配置完后，就可以在 Ganglia 的选项中找到关于 Hadoop 的项目，如图 8-19～图 8-22 所示。

相对来说，可能以后你需要整合更多的选项及应用，所以这里不过多说明，只是简单地介绍一下 Ganglia 监控，它也许是一个不错的选择。

图 8-19

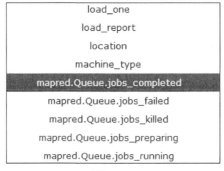

图 8-20

图 8-21

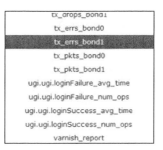

图 8-22

8.9　FAQ

相关的应用介绍差不多了，最后再和你说几个常见问题。

Q：ZooKeeper 客户端主要负责什么？

A：首先是 ZooKeeper 服务端进行通信，包括连接、发送消息、接收消息。

然后发送心跳信息，保持与 ZooKeeper 服务端的有效连接与 Session 的有效性。如果客户端当前连接的 ZooKeeper 服务端失效，则自动切换到另一台有效的 ZooKeeper 服务端。

最后是管理 Watcher，处理异常调用和 Watcher。

Q：为什么要限制 ZooKeeper 中 ZNode 的大小？

A：ZooKeeper 为了提高整体系统的读取速度，是不允许从文件中读取需要的数据，而是直接从内存中查找。

ZooKeeper 集群中每一台服务器都包含全部的数据,并且这些数据都会加载到内存中。ZNode 的数据并不支持 Append 操作,全部都是 Replace。

所以如果 Znode 设置过大,那么读写某一个 ZNode 将造成不确定的延时,也会过快耗尽 ZooKeeper 服务器的内存。这也是 ZooKeeper 不适合存储大量数据的原因。

Q:如何提升 ZooKeeper 集群的性能?

A:这里所说的性能是写入的性能和读取的性能。

由于 ZooKeeper 的写入需要先通过 Leader,然后这个写入的消息需要半数以上的 Fellower 通过后才能完成整个写入,所以整个集群写入的性能无法通过增加服务器的数量达到目的。正相反,在整个集群中 Fellower 数量越多,整个集群写入的性能越差。

ZooKeeper 集群中的每一台服务器都可以提供数据的读取服务,所以在整个集群中服务器的数量越多,读取的性能就越好。但是,Fellower 增加又会降低整个集群的写入性能。为了避免这个问题,可以将 ZooKeeper 集群中部分服务器指定为 Observer。

Q:ZooKeeper 参数如何调整?

A:这里要说的是 zookeeper.session.timeout 参数,它的默认值是 3 分钟(180000ms)。

它主要是 RegionServer 与 ZooKeeper 之间的连接超时时间。当超时时间到 B 后,ReigonServer 会被 ZooKeeper 从 RS 集群清单中移除,HMaster 收到移除通知后,会对这台 Server 负责的 regions 重新 balance,让其他存活的 RegionServer 接管。

这个 timeout 决定了 RegionServer 是否能够及时地 failover。设置成 1 分钟或更低,可以减少因等待超时而被延长的 failover 时间。

不过需要注意的是,对于一些在线应用,RegionServer 从死机到恢复时间本身就很短(如网络闪断、crash 等故障、运维可快速介入),如果调低 timeout 时间,反而会得不偿失。因为当 ReigonServer 被正式从 RS 集群中移除时,HMaster 就开始做 balance 了(让其他 RS 根据故障机器记录的 WAL 日志进行恢复)。当故障的 RS 在人工介入恢复后,这个 balance 动作便毫无意义,反而会使负载不均匀,给 RS 带来更多负担,特别是那些固定分配 regions 的场景。

如果你还有什么其他的问题,可以发邮件给我,咱们再一起沟通研究。

8.10 小结

小鑫看完邮件后对 ZooKeeper 有了一个比较完整的了解，看起来它的配置并不是很难，比起前面的几个可以说是相当简单了。不过源码是自己不懂，对于代码级的优化只能是开发人员的任务了。不过还好，了解和搭建不是问题，这倒是需要感谢刘老师的帮助。

至于其他一些知识还真需要时间来慢慢地研究。想了想，小鑫给刘老师回了一封感谢信。

总结

刘老师：

您好！

再一次感谢您对我的帮助，使我从对运维一无所知到现在有了一些自己的判断能力及培养了自己的自学能力。我知道自学能力很重要，并不会有很多人会像您这样耐心地帮我解决这些浅显的问题，所以再一次感谢您。

您目前讲解的这些知识，我也需要大量的时间和精力来学习。我对公司目前的应用暂时还可以处理，所以可能过一大段时间才会再向您请教一些关于大数据或者开发方面的问题，希望到时您可以不吝赐教。

很快，小鑫就收到了刘老师的回信。

小鑫：

你好！

能帮到你也让我感到很欣慰。还是那句话，我也许不能给你很高深的知识，但我希望可以帮你找到学习和提高能力的方向、方法，也希望你能坚持学下去。

如果有什么问题，我们可以一起再研究。知识共享，共展才华。

附录

附录 A　virsh 命令及其含义

表 A-1 提供所有 virsh 命令及其含义。

表 A-1　virsh 命令及其含义

命　　令	描　　述
help	打印基本帮助信息
list	列出所有客户端
dumpxml	输出客户端 XML 配置文件
create	从 XML 配置文件生成客户端并启动新客户端
start	启动未激活的客户端
destroy	强制客户端停止
define	为客户端输出 XML 配置文件
domid	显示客户端 ID
domuuid	显示客户端 UUID
dominfo	显示客户端信息
domname	显示客户端名称
domstate	显示客户端状态
quit	退出当前的互动终端
reboot	重新启动客户端
restore	恢复以前保存在文件中的客户端
resume	恢复暂停的客户端
save	将客户端当前状态保存到某个文件中

续表

命令	描述
shutdown	关闭某个域
suspend	暂停客户端
undefine	删除与客户端关联的所有文件
migrate	将客户端迁移到另一台主机中

使用以下 virsh 命令用于管理客户端及程序资源，见表 A-2。

表 A-2　virsh 命令及其含义

命令	描述
setmem	为客户端设定分配的内存
setmaxmem	为管理程序设定内存上限
setvcpus	修改为客户端分配的虚拟 CPU 数目
vcpuinfo	显示客户端的虚拟 CPU 信息
vcpupin	控制客户端的虚拟 CPU 亲和性
domblkstat	显示正在运行的客户端的块设备统计
domifstat	显示正在运行的客户端的网络接口统计
attach-device	使用 XML 文件中的设备定义在客户端中添加设备
attach-disk	在客户端中附加新磁盘设备
attach-interface	在客户端中附加新网络接口
detach-device	从客户端中分离设备，使用同样的 XML 描述作为命令 attach-device
detach-disk	从客户端中分离磁盘设备
detach-interface	从客户端中分离网络接口

以下是其他 virsh 命令选项，见表 A-3。

表 A-3　virsh 命令及其含义

命令	描述
version	显示 virsh 版本
nodeinfo	有关管理程序的输出信息

附录 B yum 命令及其含义

表 B-1 为 yum 命令及其含义。

表 B-1 yum 命令及其含义

命 令	描 述
yum check-update	列出所有可更新的软件清单
yum update	安装所有更新软件
yum install <package_name>	仅安装指定的软件
yum update <package_name>	仅更新指定的软件
yum list	列出所有可安装的软件清单
yum remove <package_name>	使用 yum 删除软件
yum search <keyword>	使用 yum 查找软件包
yum list updates	列出所有可更新的软件包
yum list installed	列出所有已安装的软件包
yum list extras	列出所有已安装但不在 Yum Repository 内的软件包
yum info <package_name>	使用 yum 获取软件包信息
yum info updates	列出所有可更新的软件包信息
yum info installed	列出所有已安装的软件包信息
yum info extras	列出所有已安装但不在 Yum Repository 内的软件包信息
yum provides <package_name>	列出软件包提供哪些文件
yum clean packages	清除缓存目录（/var/cache/yum）下的软件包
yum clean packages	清除缓存目录（/var/cache/yum）下的 headers
yum clean oldheaders	清除缓存目录（/var/cache/yum）下旧的 headers
yum clean all	清除缓存目录（/var/cache/yum）下的软件包及旧的 headers